咖啡究極講座

醜小鴨咖啡／編著

推薦序

PREFACE

推薦序 1

　　當初與Silence相識時，我認爲他只是與一般愛喝咖啡的科技人一樣，頂多是在家中買了台經典的商用咖啡機而已，沒想到他因工作旅外的這些年，並沒有停止追求咖啡知識，反而是更積極透過國外的資源取得更多的知識，進而有系統地加以整合成冊，由此便可看出他對咖啡的熱情。

　　在歷史上，咖啡的發現是個驚奇的意外，經過數百年來的演變至今，它已經是許多人生活中不可或缺的飲品，而經過了數百年後，也發展出許多不同的烹調方式，讓咖啡得以呈現出不同的風味，也使得我們可以依自己的喜好選擇一杯想品嚐的好咖啡。

　　沖煮咖啡的技巧與品嚐咖啡的能力並不是與生俱來的，而是與許多事一樣要透過經驗累積，以及積極學習才能了解的，每個人所沖煮出來的咖啡，也會隨著個人經驗、味覺主觀與學習狀況的不同，而呈現出差異性，但如此一來就會導致咖啡豆無法以穩定的品質呈現出其優質的原貌，有鑑於此，Silence在透過國外實際咖啡相關工作經驗，學習到國際規則與相關專業訓練後，經過了長時間的實作調整和修正，才完成了這本工具書，我想對許多專業咖啡師的再進修、或是對於想更加了解咖啡的人，這本工具書將會是不錯的選擇，同時也會是一個好的開始。

李仲興

LE BAR COFFEE 老爸咖啡

http://www.lebar.com.tw/

PREFACE 2

Silence Huang has repeatedly and consistently shown his aptitude for the intricacies of coffee extraction both in his role as Barista Trainer and as a Competitive Barista himself.

The insight and learned knowledge that he has gained over the years have served him well in both Barista Competition judging and in the area of training Baristas.

His skill as a Barista Competition Judge was clearly evident in his ability to capture the detailed & necessary info to accurately score competitors, as well as supporting his score with appropriate comments so as to aid the competitor in advancing their skillset.

This was very apparent in the area of Scoresheet review with Competitiors, which allowed him time to personally interact and explain where the scores originated from and how the competitor could improve, according to the Rules & regulations of the Competition.

For any individuals who are utilizing his Barista training, he can use this knowledge to improve their craft using his accurate and thoughtful
insight. His understanding of Competition Rules & Regulations, and how
they apply to the Barista craft is of utmost importance when it comes to determining the best path for a Barista & coffee professional to improve their skill.

推薦序 2

Silence Huang對理解咖啡錯綜複雜的原則，有與生俱來的才能，不論是身為一個咖啡訓練師，亦或是使自己成為一名可敬的咖啡師。

Silence多年來累積的知識與洞察力，使他在擔任咖啡師比賽的評審與訓練咖啡師的領域中都做的很好。

他的技術使他擔任咖啡師比賽評審時，不但能夠清楚抓出細微並且是必須的資訊來正確地為參賽者評分，同時也會附上適合的評語，以便幫助參賽者增進他們的技術。

對於參賽者來說，評分表的分數是表面上的，Silence會親自與參賽者解釋，根據比賽的規則與條例，評分表上的分數是從何而來，同時告訴參賽者可以如何改進。

有機會使用他的咖啡師訓練中心的人，Silence會用正確並經過反覆推敲後的知識，幫助你們增進技術。對於比賽的規則與條例的了解，使你能夠找出最好的方式，並將之應用在咖啡師的專業訓練上。

Scott Conary

世界咖啡師大賽主審 WBC Head Judge
WCE National Support Committee
Chair, USBC Head Judge Committee
COE Judge

PREFACE 3

As long as I have known Silence, I have admired his relentless tenacity in the pursuit of understanding Specialty Coffee. He has dedicated countless hours cracking the complexities of coffee, and finding the fundamental principles underneath. From cupping, roasting, espresso, brewing, and latte art Silence is tireless in his pursuit of understanding how coffee works, and perfecting the techniques that result in a beautiful cup of coffee.

Beyond Silence´s personal dedication to understanding the craft of Specialty Coffee, he has a special gift for developing ways to teach it to his students. Working with him was a pleasure, as he always found ways to make the complex and difficult, simple and comprehend-able for beginners. Silence has developed unique and innovative techniques for teaching the skills necessary to prepare delicious Specialty Coffee.

I hope you enjoy learning from Silence, and his experience as much as I have.

推薦序 3

　　從我認識Silence起，我便十分欣賞他對於精品咖啡求知若渴的堅韌態度，他花了無數個小時在分析咖啡錯綜複雜的原理，並找出其中基本的原則。從杯測、烘豆、濃縮、手沖到拉花，Silence長久以來始終堅持於了解咖啡，並不斷使他的技術更臻完美。

　　除了Silence對精品咖啡技術的個人奉獻之外，他甚至將這些技術傳授給他的學生，與他共事是很輕鬆愉快的，因為他會將複雜且困難的事物，找出簡單並能夠理解的方式教授給初學者。Silence發展了一套獨一無二的教學方式，可以讓你輕鬆學習煮出一杯美味的精品咖啡所需具備的技術。

　　Silence在精品咖啡的經驗和我相當，我希望你能夠喜歡與他學習。

Dan Streetman
美國咖啡師大賽主審 United States Barista Championship Head Judge
Director of Coffee for Irving Farm Coffee Company
Chair of the Barista Guild of America

contents 目錄

Chapter 1

基本杯測

cupping

杯測的定義 WHAT'S CUPPING

杯測是杯測師用來評斷咖啡風味與特性的一種方式，

為了了解每個產區每支咖啡豆之間風味的不同之處與優缺點比較，

將各支咖啡豆用客觀標準化的程序放在一起杯測是有其必要性，

通常杯測可以找出一支豆子風味上的缺陷與優點特性，

也可以藉由共同的杯測報告來作為國際咖啡品質的溝通語言。

就像是吃的東西難免會有個人喜好，

關於咖啡，更會因為產區的不同產生極大的差異⋯⋯

就像是咖啡的香氣是一般人對咖啡的第一印象，

但香氣不夠或者不明顯就不是一杯好咖啡嗎？

當然不是，

所以在杯測中所評鑑的項目，香氣只是其中一個要素，

為了讓杯測可以更客觀，所以採用大家都可以嚐得到的

酸 Acidty

甜 Sweetness

苦 Bitterness

來作為主要的評鑑項目。

杯測基本語言與評鑑項目
CUPPING items

乾香氣 Fragrance

濕香氣 Aroma

甜度 Sweetness

酸度 Acidity

風味 Flavor

醇厚度 Body

後韻 After Taste

杯測應用
Applications

沖煮、校正方針

生豆品質評鑑

咖啡溝通語言

烘焙問題檢測

配製Espresso配方

introduction and work tools to prepare

杯測工具簡介與作業準備

杯測湯匙

現今世界各國杯測師所使用的杯測湯匙種類雖稍有不同，但通常具有的特點為：一般湯匙深度淺，容納液體量比較少，嘴巴難啜吸，液體霧化面積小，感官鑑定正確性低，較不易鑑定精品咖啡的正面特性。杯測湯匙深度深，容納液體量比較多，嘴巴易啜吸，液體霧化面積大，感官鑑定正確性高，較易鑑定精品咖啡的正面特性。

杯測杯子

杯測用的杯子一般有玻璃杯和白磁碗等。

清洗湯匙的杯水

湯匙材質導熱快，清洗的水建議用溫水，1/3室溫開水和2/3熱開水，才不會影響咖啡液的溫度。

樣本咖啡粉

樣本的克數是以杯子大小為基準，粉和水的比例為1：18。

溫度計

熱開水

杯測的水溫在攝氏90～93℃。

秤

請使用有小數點進位的。

碼表

杯測時間為4分鐘。

杯測表格

表格可以參考SCAA杯測表，也可以製作自己常用的表格。

流程簡介

將咖啡研磨後放置於杯測碗中

拿起杯子轉動或拍打，聞乾香氣

接著倒入沸騰熱開水，靜置分鐘

啜吸原理

姿勢端正直立，肩膀放鬆，啜吸時不得聳肩，利用肚子丹田的吸力

基本啜吸技巧說明

01　每次用杯測匙所舀起的咖啡液量需一致

02　湯匙自然放置於兩唇間

03　嘴唇與湯匙呈一細縫後由慢而快自然吸入

04　一開始用水來練習，水的比重比咖啡輕較易吸入

05　由淺入深往上顎與鼻腔交接處啜吸霧化液體

06　霧化後的液體用整個舌面去感受各種項目

啜吸時液體多寡會影響吸的力道，當吸的力道不同時，會造成每次感測的位置不同，間接影響到判斷

04

05

06

07

注時間結束之前，請將鼻子
占近表面，聞取濕香氣

4分鐘結束時，用湯匙撥開上
層咖啡，撥開瞬間將鼻子貼
近表面，聞取破渣時的香氣

接著請將表面浮渣撈乾淨

用手觸摸杯子的溫度，不燙
手時即可進行杯測

啜吸原理

　　霧化後的液體表面積變大，較
易讓味蕾感受到其味道的多寡與優
劣。

　　霧化後的液體表面積變大，較
易讓鼻腔聞到其香氣的強弱與優
劣。

啜吸時產生金屬聲較能精確的分辨
精品咖啡的風味，但此動作非必
要。

　　金屬聲是啜吸到上顎與鼻腔交接
處的證明，但不用太過強調啜吸出金
屬聲。

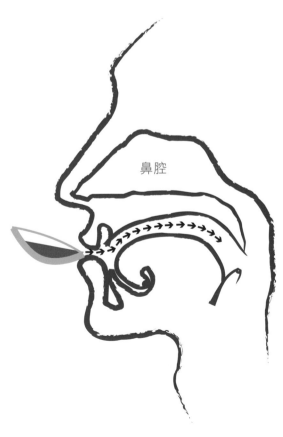

鼻腔

注意事項

　　杯測時是將所有沖煮咖啡的條件都用相同標準去檢測，而杯測也是一種沖泡咖啡的方式，既然是沖泡咖啡，那就必須留意如何將人為因素所可能造成的差異降至最低，以下所列是需要注意的幾項要點。

杯測時的咖啡顆粒粗細度是以手沖為基準。
如果是使用一般的磨豆機可以選擇三號設定，
咖啡要是磨得太細的話，
在悶蒸階段會有表面掉落的狀況發生，
要是過粗的話，則在破渣、撈渣完畢後，
會產生咖啡不斷往上漂浮的狀況。

數量一般是以 5 杯為基準，隨著杯測者對樣品的了解，
可以將杯測數量調整至 3 ～ 5 杯之間，
初期練習時可以從兩種樣品來進行杯測練習，
讓杯測者可以調整流程中所產生的差異，
等到樣品差異性變小時，再將樣品數量慢慢增加。

注水時要控制咖啡顆粒的受水均勻度，
就如同手沖一樣，要是水流可以被穩定控制的話，
同一顆咖啡顆粒的萃取度相對地也會提高，
要是注完水後發現表層有部分未受水的粉層或顆粒的話，
那麼整杯咖啡的萃取率也會受影響，風味自然不會完整。

破渣的目的在於擷取破開表面時沉積在渣底的咖啡香氣，
破開殘渣的瞬間，沉積在粉渣中的香氣會瞬間釋放，
所以破渣的動作不宜過大、複雜，
攪拌的次數和力道應該要固定，
攪拌過度會增加水和咖啡顆粒的接觸面積與時間，
不但會影響到萃取率，杯測效果也會受到影響。

在杯測過程中，我們從乾香、濕香和破渣的香氣來品嚐，盡可能擷取出被測物的優點，要是對於香氣的描述還無法以精確的形容詞講述的話，則可以使用自己所知的形容詞加以描述。

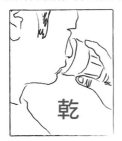

每個人對香氣的認定都是主觀的，就如同對於榴槤的氣味喜惡認定一樣也是因人而異，會有兩極化的反應，因此在杯測初期的練習中，請先將香氣的部分當做參考，先把在乾香、濕香與破渣時所感受到的香氣先記錄下來。

接下來就是杯測的重點：味道的一致性與酸甜苦的位置，杯測樣品數量取決於個人對咖啡豆的熟悉度，如果你對該種咖啡豆還不熟悉，自然會希望樣品數量可以多一點，以幫助你確認風味的一致性，這同時也是在測試該款咖啡豆的品質穩定性。

一般來說都是先從 3 個樣品開始，藉由啜吸的方式確認酸、甜、苦在舌頭分布的位置

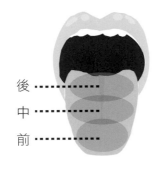

後 ……
中 ……
前 ……

① 喝到第一杯樣品，試著分辨出是否有酸、甜、苦，再藉由左側舌面分布圖，找出對應的位置。

② 再藉由第二杯樣品確認位置是否相同，以同樣方式再喝第三杯樣品。

③ 每一杯樣品以喝一次為原則，喝完一輪之後再進行第二輪做確認。

about

關於舌頭感知

苦 …… bitter
酸 …… sour
甜 …… sweet

舌頭的酸、甜、苦感受分布，實際上是和大家印象中的位置不同的，通常我們都會覺得甜味感在舌尖、酸在舌頭兩旁、苦在舌根，但仔細品嚐後會發現，其實舌面的每個位置都有酸、甜、苦的感知，因此當我們習慣在杯測感受酸、甜、苦時，會以舌頭前、中、後的位置都加以確認。

● 接下來使用表格做最簡單的杯測校正

COFFEE	

ACIDITY			PRO	
SWEETNESS			COM	
BITTERNESS			IMP	
			AROMA	
備註				

品嚐的時候先以酸、甜、苦的位置，確切描述位置後，再運用樣品與樣品之間的對照來確認差異，在注水與破渣動作都相同的情況下，所有樣品酸、甜、苦位置也要相同，要是差異範圍很大的話，則需要先從注水和破渣做校正，接著使用表格做最簡單的杯測校正。

COFFEE　將被測試的咖啡豆資訊記錄下來，比如產區、品種、烘焙程度……等。
ACIDITY　確認有無酸味並記錄酸味的強弱。
SWEETNESS　確認有無甜味並記錄甜味的強弱。
BITTERNESS　確認有無苦味並記錄苦味的強弱。
PRO　整體杯測的優點。
COM　整體杯測的缺點。
IMP　整體味覺需要被加強的項目。
AROMA　香氣記錄。

表格可以自行製作，也可以參考制式表格，再選幾項比較注重或是能讓自己容易分辨的項目，由簡至繁，熟練之後再慢慢增加評比項目。

POINT

基本杯測之重點

前言提過杯測的基本應用是在鑑定生豆與熟豆的品質，
所謂品質就是穩定性，
也就是說同一批咖啡豆的每一杯樣品都是要相近，
就是酸、甜、苦的位置都要一樣，
再藉由啜吸將咖啡液均勻地分布在舌面上，
先分辨出酸、甜、苦在舌頭上所分布的位置，
接著再確認下一杯樣品的酸、甜、苦是否分布在相同的位置，
如果其中一杯，酸甜苦位置分布差異太大，
就要先從過程中去校正，
而其中最容易發生問題的步驟就是注水和破渣。

Chapter 2

法國壓

french press

french press

做完杯測後你是否有發現，其實杯測也是一種沖煮咖啡的方式，只要將杯測時多餘的粉渣去除掉，就可以更輕鬆地享受一杯咖啡，因此接下來我們要告訴你，如何運用同樣的條件使用法國壓沖煮法來煮一杯咖啡喔！

法式濾壓壺是一種普遍的沖煮工具，除了濾壓的部分之外，其實重點都和杯測一樣，也是要針對水量、水溫、粉量、粗細、時間來做調整，然而法國壓沖煮法所使用的粉量畢竟是變多了，因此均勻度就成了一大重點！

French Press

法國壓因為沖煮穩定，容易被複製，早期在歐美國家，要是以單品出杯，就常常會看見以法國壓形式出現，它只要設定好參數，不論是誰來沖泡都可以穩定地呈現出好品質。

01

我們開始從法國壓做最基本的調整，不過我們需要改變的只有一個
參數，那就是時間，至於剩下的沖煮條件，還是可以先參照杯測的
條件。

粉量　以1：18的比例，1克的咖啡粉
　　　配上18克的水
粗細　以手沖的粗細為基準
水温　90～92℃

之所以會用法國壓來做講解，是因它的變數最低，相同的容器加上
固定的粗細與粉量，可以只在時間上做調整，來得到味覺的變化。

02

下圖所使用的法國壓（法式濾壓壺）容量為540cc，因此咖啡粉量就以1：18的比例先使用30g，咖啡粉顆粒的粗細，則以手沖的粗細為基準，水溫設定在90～92℃ 左右進行沖泡。

測量咖啡粉重量
法國壓所需的
咖啡粉重量為30g

咖啡粉的顆粒粗細
可選用相當於
手沖刻度的粗細

水溫可以固定
在相同溫度，
一開始可以
先設定在90℃

時間設定為4分鐘

接著將咖啡粉倒入法式濾壓壺裡,接著把水先倒入到一半的高度,然後均勻地加以搖晃30秒。

也可以這樣做……

 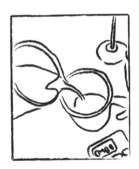

倒粉　　　　　　　　加水　　　　　　　　　　　　　　　攪拌

●搖晃的目的是要讓咖啡粉均勻受水,所以時間長短要固定,也可以用攪拌的方式,但是請注意攪拌的力道和方向,當然次數也要一樣,如果速度也一樣是最好的。

●搖晃與攪拌的目的都是為了讓咖啡可以均勻受水,搖晃的方式會讓力道較為均勻,配合一樣的搖晃時間,穩定度也會相對提高。

04

等到搖晃結束之後，
再將水注入到滿為止，
接著將上蓋確實蓋住，
然後靜置到萃取所需的時間，
一般來說會先以4分鐘為基準。

旋轉搖晃

蓋子 ················

蓋子蓋上與否關係到溫度的降溫速度，一般玻璃製的法式濾壓
壺建議將蓋子蓋上，玻璃的散熱較快，圖中的是雙層不鏽鋼，
保溫性較佳，不管是什麼材質，固定的方式會是最重要的。

向下壓

a

時間到之後，你可以選擇
a 直接將咖啡粉壓到底
b 將咖啡渣撈出
主要差別在於將咖啡渣撈出，可以讓
咖啡顆粒減少浸泡，自然不會有過萃
的情況發生。

05

將咖啡倒出來，開始加以品嚐，
使用下列表格記錄酸、甜、苦分布的狀況，
啜飲的時候要注意的地方
和前面杯測章節一樣，
可以記錄味道的走向。

		酸	甜	苦
粉量： 30g 時間： 4分鐘	強烈 明顯 微弱			

接下來我們只改變一個因素，那就是時間，其餘沖煮條件維持不變，時間
的部分，縮短至三分半，等時間到了之後，再開始品嚐咖啡，一樣還是要
將酸甜苦的位置記錄在表格上。

		酸	甜	苦
粉量： 30g 時間： 3分半鐘	強烈 明顯 微弱			

以此類推將時間縮短至3分鐘

		酸	甜	苦
粉量： 30g 時間： 3分鐘	強烈 明顯 微弱			

　　最後你會發現表格裡的酸、甜、苦，會隨著時間呈線性變化，也就是你的酸和甜會隨著時間增加，而使強度會降低，苦味則會隨著時間的經過上升，也就是説沖泡的時間越長，苦味越會隨著時間慢慢帶出澀味。

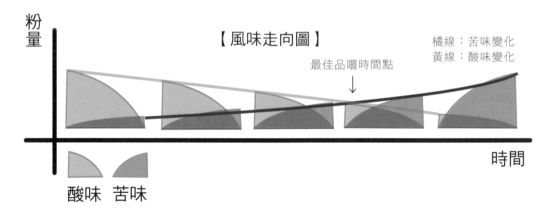

粉量

【風味走向圖】

橘線：苦味變化
黃線：酸味變化

最佳品嚐時間點
↓

時間

酸味　苦味

　　先將每杯的酸、甜、苦的位置定義出來，等酸、甜、苦的位置定義出來後，會發現酸、甜、苦的位置會隨著沖煮時間(或浸泡時間)增加，而往舌根的位置移動，而且時間越長，苦度的強度也會隨之增加，同時酸和甜的強度也會減弱。

　　如果平衡度已經達成要求，但是口感稍嫌不足，尾韻不夠持久，那就要調整咖啡粉的分量。

咖啡粉的粉量決定了味道的強弱，當然也關係到酸、甜、苦的部分，但是最明顯的是會在口感和後韻上有更顯著的差異。

因此我們再重申一次，接下來不同的是，我們會將咖啡粉分量增加，但是時間還是會和之前一樣，沖泡3分鐘到4分鐘，而這樣的改變會得到以下的結果。

【 粉量/時間/風味關係圖 】

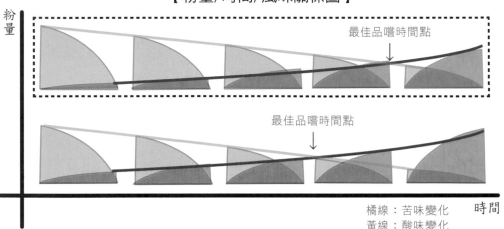

粉量增加主要是針對味覺強弱，時間長短則決定萃取多寡，咖啡粉量改變使酸、甜、苦強弱明顯上升、下降，但是在舌頭感受的位置則不變，如果同時改變時間和粉量，酸、甜、苦則會同時改變，藉此找出酸、甜、苦最平衡的位置，這也是此咖啡最佳的沖煮時間與粉量。

品嚐一杯咖啡，重要的不外乎是味覺和口感，味覺重點在於酸、甜、苦的平衡，看似相同的東西卻可以因沖泡的條件不同，而呈現出不同的味覺與口感，酸、甜、苦的感受是在咖啡入口後，所能馬上感受到的，雖然每個人對酸、甜、苦的接受度不同，但是如果可以達到平衡，就能沖泡出一杯順口的咖啡。

由上圖可以觀察到粉量與味覺強弱的關係，而時間則扮演著酸甜苦平衡的調整。

同樣的方式也可以應用在濃縮沖煮上＞＞＞＞＞

Chapter 3

義式濃縮

濃縮咖啡Espresso，是一種現在主流的咖啡形式，其香醇濃郁的口感讓許多人十分著迷，而其沖煮方法是將法國壓的技巧延伸在機器上，同樣要先固定咖啡粉量和水量，但是容器則從法國壓變成把手裡的濾杯，所以濾杯裡要放多少咖啡粉，就是義式沖煮裡的重點，機器會提供固定的沖煮水壓和水量，所以粉量的多少和粗細，會直接影響流速，當流速無法穩定時，萃取率相對地也無法提升。

01

　　首先，我們要在咖啡粉量下功夫，最剛開始我們可以先觀察一下，自己所使用機器的濾杯，市面上的濾杯多少會因為廠牌的不同而有形狀和容量的差別，一般常見的可分為寬口徑和窄口徑，而口徑則有53mm、55mm、58mm等尺寸，通常窄口徑的濾杯深度較深，口徑寬的相對就會較淺，這樣的差異主要是受到各家咖啡機廠商沖煮頭設計所影響，不過每一個濾杯可裝填的咖啡粉量其實都會一樣。

　　而同樣口徑的濾杯又可分成單份（single）、雙份（double）和三份 （triple）等種類，單份可裝填的粉量約在8g左右，雙份可裝填的粉量約在18g左右，三份可裝填的粉量則約在21g左右。這時候所需要注意到的還有咖啡烘焙的深淺度，因為烘焙的深淺度會影響到咖啡顆粒的重量，舉例來說深焙的咖啡豆水分蒸發的比較多，所以針對同一個濾杯在做裝填時，就會需要較多的粉量，反之要是咖啡豆較淺焙時，濾杯的粉量也就要減少。

濾杯
Propofilper

單份 single

雙份 double

三份 triple

左圖中顯示的凹線，是指把手鎖上時沖煮頭在濾器裡的位置，因此粉量的多寡要以不超過這條凹線為原則，而且是以填壓結束後的高度為基準。

適當粉量

　　在裝填完適當粉量後，填壓之後的粉餅水平位置剛好會落在濾杯凹線處，基本上以不超過為主，而把手在裝上機器後容易扣緊到正中間，也因把手是旋鈕設計，就像螺絲一樣，所以鎖的角度不同，濾器和沖煮頭的距離就不同，如此一來也會間接影響到所沖煮的咖啡，要是把手鎖不到正中間的位置，請先找出可以鎖緊的最佳位置，然後固定下來。

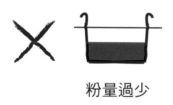

粉量過少

當裝填的粉量過少，填壓完之後粉餅的水平少於一半時，會因粉餅厚度不足，而相對使得抗力會過低

粉量過多

當裝填的粉量超量，填壓過後粉餅水平會高於濾杯凹線，而要鎖上沖煮頭時，把手會無法拉到定位

粉量超量

當裝填的粉量超過一定的量，填壓過後粉餅水平會高於濾杯凹線甚至快到濾杯口，而要鎖上沖煮頭時，就完全無法裝上

接著就是將咖啡粉撥到濾杯裡，撥粉的動作基本上是要讓把手和磨豆機相互配合才能進行的，磨豆機可分為手撥撥粉和定量撥粉兩種種類，定量撥粉的機型是由機器計算研磨時間來控制粉量，不過由於定量磨豆機價位較高，而且從刀盤到分粉槽有一段路徑，相對也會造成誤差，所以判斷粉量就相當重要，剛開始可以從手撥入門，這樣則能從手撥的過程訓練觀察粉落到濾杯的狀況。在開始撥粉之前，讓我們先來了解一下手撥磨豆機。

磨豆機的撥粉把手
它是一個很基本的彈簧架構，撥粉原理是藉由帶動分粉格讓粉落入把手。

磨豆機的刀盤是由固定的馬達轉速帶動的，因此當馬達轉動時，刀盤也就開始將咖啡豆帶入並進行磨碎的動作，而當咖啡粉以固定的粉量落下時，要是分粉格也是以固定頻率轉動的話，那麼撥出的咖啡粉量也就會是相同的分量，這麼一來確實地將撥粉把手撥完整，就成了第一個要注意的重點。

完整
所謂的完整是將彈簧做一次確實的開關，我們可以將撥粉把手拉到底並放置到最後，當聽到彈簧開關的聲音，就表示將把手做了完整的撥動。

剛開始動作時，先將撥粉速度放慢，確認每一次撥粉都完整做到，然後再慢慢加快速度，當加快速度時，也要注意是否撥粉完整，要是沒撥好的話，會發生分粉格停止不動的狀況，並且要到下一次讓彈簧確實卡到時，粉格才會再開始動，而這時候就會發現落粉量會忽多忽少，並且造成判斷上的誤差，因此要特別注意這個動作。

撥粉的頻率穩定後，開始注意粉落到濾杯的方向和粉量

　　當開始撥粉時，可以發現撥粉撥得越快，會因為作用力而使粉一直往左邊飄，當速度越慢左飄的現象就會減少，但是請注意，當撥粉力道與速度固定時，粉往左飄的現象，將會被固定，這麼一來觀察粉量時才會準確。

　　當以上的觀察都熟練後，開始把把手放在磨豆機把手架上，開始進行撥粉，並觀察粉落在把手濾杯上的位置。

　　在開磨豆機之前，先想好把手要放的位置，在放好之後，再啟動磨豆機，開始進行撥粉，並且找到適當的把手擺放位置，並固定下來。

　　等咖啡粉撥到一定的分量後，將磨豆機關掉，不做任何動作，將把手放置桌上。

重複前一個動作，撥第二支把手，請注意先將之前餘殘粉撥至把手，這樣才能讓磨豆機保有一致性，請記得撥下來的頻率要像上一個把手。

撥完後，將兩支把手並排，觀察兩者咖啡粉堆疊的狀況，假設堆疊狀況不一樣，就要回過頭檢測撥粉的頻率是否一致，或是把手有沒有擺放在固定的位置。

當堆疊狀況練習到穩定時，可以將一次研磨的咖啡粉全部裝到把手裡，這時候要注意的是手法要固定，不管你的方式是敲擊或拍打，次數或力道都是重點，因為都會影響到粉量的判斷，當粉量太多或太少時，只要將開磨豆機的時間延長或縮短即可。

最後的步驟則是整粉的動作，這也是確認粉量的最後關卡，這時候可以將堆疊較高的地方往空隙處推，在整粉的過程中，多少會將咖啡粉向下擠壓，所以不管是用什麼手法或器具，只要將方法加以固定後，就可以減少誤差，一旦方式改變，堆疊狀況就可能會不同，所以要回頭檢視撥粉頻率或把手放置位置是否固定。

在練習粉量判斷時，除了磨豆機的因素外，我們可以了解到固定的撥粉方式和力道是影響粉量的最大因素，要是撥粉力道固定則可以讓咖啡粉落下時的飛散狀況降至最低。在進行撥粉時，則是以固定力道把濾器填滿到一定程度，在撥粉結束後，觀察落粉位置，要是位置都偏左，就將把手先往左平移，然後再重複先前的動作，這時我們會發現固定的撥粉力道，會讓粉落下的位置固定。

02

填壓
Tamping

填壓的重點在於施力的方式和力道要固定，在練習填壓的初期，建議每次都要用同樣的施力方式和同樣的粉量來進行，幫助自己拿捏出最佳的填壓力道，而當施力力道固定了，則也可以幫助自己反過來檢測粉量是否都保持一致，因為只要察覺到阻力變小，那就代表粉量是變少的，反之亦然。

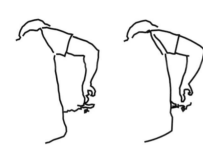

正確的施力方式

那麼要用哪裡施力呢？我們可以運用身體的重量，讓施力點與手臂連成一線，當身體往前傾時，身體的整體重量，就會藉由手臂傳達到填壓器上。

相對於用手也就是小臂施力，用身體施力的方式則能更輕易地穩定填壓的力道，同時也能藉由腳彎曲的角度控制身體向前傾的力道，下圖則是練習使用身體的力道。

首先先將上臂與胸側夾緊，不需刻意用力，
練習時可以用一個海綿夾在腋下，
用以檢視上臂與胸側是否確實夾緊。

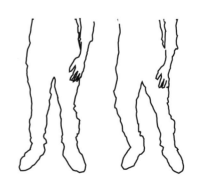

雙腳打開與肩同寬，左右腳相互平行。
左腳站直，右膝微彎，帶動身體前傾，
這樣會讓手也做出向下壓的動作。

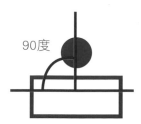

90度

請注意上臂請勿外偏，盡量與桌面垂直，施力時一樣將右膝微彎，身體自然就會往前傾，進而帶動手往下壓

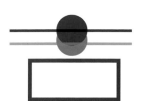

身體向前傾時，身體側面也應該平行移動，這樣會比較不費力，而且力量是直接作用到咖啡粉上的。

要注意從填壓開始到結束時，身體和手肘的部分都是呈現平行的，在平行的方向下施力，填壓器會因為身體連動的力量，而讓填壓器底座可以更直接傳遞身體的壓力，而身體也可直接感受粉餅的阻力。

填壓時，如果身體產生偏移，等於是變相地將力道施在手肘上，這樣則會造成填壓不均，同時施壓的力道則無法完全直接作用在咖啡粉上，這也代表部分的力量是被浪費掉的；最左邊的圖手沒打直，力量無法直接作用在咖啡粉上。

espresso 義式濃縮　　039

等練熟後就要開始練習用填壓器填壓囉

填壓器拿握的方式會影響施力平均度（粉餅受壓均勻度）

義式咖啡沖煮最重要的一點就是如何讓咖啡粉餅可以均勻的吃水，義式咖啡機在初期已經把大部分參數都設定好了，例如沖煮水壓、沖煮頭流水量，因此咖啡師最後的任務就是如何確保粉餅的紮實度。

濾杯基本上就是一個模子，但是濾杯並沒有固定成型的功能，所以就需要靠外力填壓來達成粉餅的紮實度，而填壓器就是完成這個步驟不可或缺的工具。

填壓器在設計上分為兩大部分

把手

在選擇填壓器時可以先握住填壓器把手，看看是否順手，如果握的過程中需要過多的動作，才能掌握填壓器，這些多餘的動作都會是之後造成填壓不穩定的因素。而且填壓過程中都是以手掌為媒介來將力道傳到底座上，因此如果手在握合填壓器把手有任何不適，都會影響填壓完整度。

底座

底座的設計，大多以平面為主，而直徑從49mm一直到58mm都有，目前市面上的濾杯大多是以58mm為主，不過在選擇填壓器時，還是要先確認濾杯直徑以確保不會買錯。除了平面之外，還有些是弧面的設計，而這兩者的差異則是為了因應濾杯的設計而做不同變化的，我們可以藉由下面兩個濾杯來做比較。

左邊的濾杯較深，底部有下縮的狀況，直徑也比較窄一點。
右邊的濾杯較淺，底部的設計則比較寬平。

藉由這兩個濾杯的差別可以發現，平面的填壓器底座較適合用右邊較淺且寬的濾杯，因為在施力上會比較容易一次壓到底部，而讓粉餅可以壓得紮實。相對如果是較深的濾杯，則因為濾杯的底部縮小，要是使用平面填壓器，則會影響施力的完整度，這時候如果換成弧面填壓器，就對底部下縮較深的濾杯施加完整的力道。

另外，目前市面上還有一種螺旋紋的底座，這個有螺旋紋的填壓器，在填壓完後會在粉面上產生相對應之螺旋紋，這樣的螺紋設計是為了因應沖煮頭在出水瞬間的衝力，降低粉面被沖刷的風險，簡單來說作用就如同消波塊一樣，有興趣的人可以買一個來試試看。

請先將你的中指、無名指、與小指，圈住填壓器

握把，不要用力握住，只要能夠撐住即可

然後再將你的拇指與食指分別放置在填壓器底座的兩側，拇指與食指必須對稱

手掌請勿握住把手，只需用中指，無名指、小指、圈住填壓器把手即可

接下來可以將填壓器，放置在桌上，練習用身體的力量，在身體前傾帶動手臂下壓時，將填壓器底座平均壓在桌面上，力道重心應該是會全數落在拇指與食指上。

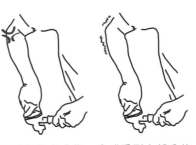

因此拇指與食指，會感受到大部分的壓力，如果壓力落在前臂上，那就表示是用手臂的力量，而不是運用身體的力量

在前面的練習當中，我們已經知道如何利用身體的力道施加在粉餅上，以達到用粉量的多寡來回饋阻力的大小，粉量多阻力就大，粉量少相對地阻力就小，所以在填壓穩定之後接下來的練習，就是要控制粉量，讓所受的阻力相同。

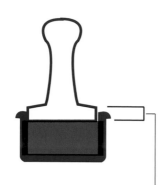

控制粉量的多寡，並不是在做精確數字的控制，重點是要訓練自己用身體來感受什麼是適當的粉量，並進而加以掌控、微調。

最簡單的判斷方式就是在填壓後觀察濾器與填壓器底座的落差粉量如果相近填壓之後的落差應該要接近才對

從上圖的落差中，可以看出每一次粉量的差異，也可以檢查填壓的水平，不過水平的部分則在最後步驟做微調即可。

這項練習的重點是將每一次的落差，都調整到一樣，當粉量可以維持每次都相近時，在填壓的過程中，便能感受到相同的阻力，而填壓時身體的力道並不是死命地全作用在粉餅上，而是要能適當地加以控制。當粉量固定了，填壓也是固定的，這麼一來就比較容易找到正確的方式，而在前面的練習中會發現，填壓的力量是靠著腳彎曲身體向前而施加的，所以控制身體力量的重責大任便是由彎曲的那隻腳負責，而傳達填壓動作的完成則是由手指來進行，在相互配合並且反覆練習後，就能找到最直接也最省力的方式，以期達到事半功倍的效果。

填壓的目的在於將壓力平均施在濾杯中定量的咖啡粉量上

　　將咖啡粉填裝進濾杯裡，濾杯就如同一個模子一般，只要上方施力平均，並且是以一次性的方式填壓，壓完之後所敲出的粉餅就會是一個完整的形狀，而且粉餅的密度也會是均勻的。

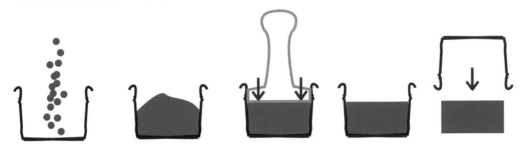

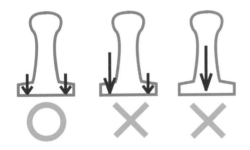

手部位置的重要性！！

施力時要以填壓器底座為對象，將身體的力道均勻地施在填壓器底座上，會是粉餅成型後是否完整的最大關鍵，因此作用在填壓器的力道位置也就相對的重要，施力點不同，造成的結果也會不同，而這結果所直接影響到的就會是咖啡萃取率了。

　　當力道可以均勻傳導到填壓器底座時，咖啡粉顆粒在濾器裡會緊密結合，進而被擠壓成一個粉餅，而當粉餅受力均勻時它所呈現的形狀就會是完整的，因此倒扣出來的形狀就會是一整塊。

完整只是第一步

　　除了外觀完整之外，最重要的還是粉餅內部壓力必須平均，平均的意思是粉餅的每一處密度要差不多，這樣才能在受到機器穩定的水量與水壓沖煮時，做到均勻的萃取，而沖煮的結果也才能保持穩定的品質。

戳 判斷方法一

在將粉餅敲下後，可以用你的手指，往粉餅的中心下壓到底，接著再往中心四周，用手指向下壓到底。

撥 判斷方法二

在粉餅倒出來後也可以將它撥開，從撥的狀況判斷是否完整，完整的粉餅撥開時，會像餅乾一樣裂成一半，且切面是完整的。

　　在手指下壓的過程中，你應該感受到一樣的阻力，如果不是，多半是施力不均所造成的結果，發現到問題時，可以從以下幾點去檢測：

填壓手勢　是否有緊握填壓器把手

　　　　　　手掌是否有擠壓到填壓器上端

填壓過程　拇指與食指是否同時有感受到壓力

　　　　　　如果不是，先確認拇指先受到力，還是食指先受到力

　　　　　　手臂是否側偏

　　　　　　身體是否側偏

　　前文有提到，食指與拇指位置需要對稱，原因就是考量到施力的均勻度，如果食指與拇指的位置不對稱，有一高一低或左右偏移太大，相對身體用力時，自然也無法透過填壓器底座均勻地將力道往下傳達到粉餅裡。

03

　　粉餅萃取是包覆式地由外向內進行，就如同擰乾一條毛巾一樣，由外部施力，將內部水分擠出，因此可想而知，滴落的水流在一開始，會是細小的，形狀就像是老鼠尾巴一樣。

第一道濃縮

流下的狀態　　　　　　　沖煮時間中段　　　　　　沖煮時間接近尾聲

水會先沿著粉餅最外層，往下浸濕，一直到濾杯底部的開孔時流出，並順著把手分流器流下，因為一開始只有最外圈的流下，所以我們會發現是咖啡液呈現細小且上粗下細的狀態。

隨著沖煮時間加長，流狀還是會維持上粗下細的狀態，但隨著粉餅受水的面積加大，通道變寬，流量會隨著加大，咖啡液的寬度也會加寬。

咖啡顆粒會因為吸飽水量 而造成空隙，同時也會膨脹而使得原本緊密結合的顆粒產生細縫，而讓水量變到最大，但也因為濾杯限制了膨脹的空間，而使得細縫會被限制在一定的大小，流量也因而被限制在相同的大小。

重點
水的正確走向

　　水在流過粉餅時，不會馬上由上而下進行萃取的動作，水會先將上層空間填滿，之後會尋找阻力最小的地方鑽洞，但是因為均勻的粉餅對於水壓來說是阻力最大的，所以相對於濾杯邊緣與粉層邊緣會是壓力最小的位置，所以當上層水充滿後，水第一個時間就會往粉餅的外圍萃取。

0～5秒

6～10秒

11～15秒

16～20秒

21～25秒

看完咖啡液滴流的形狀後，我們來探討一下，水流在粉餅裡會怎麼流動的，請各位在左列的圖表中，試著畫出個人認為水壓在不同沖煮秒數下，浸濕粉餅的狀況。

一般沖煮時間，是大約20至30秒左右，時間是從按下沖煮鍵開始算起，左邊所繪製的5個濾杯圖示，是將其沖煮時間分成5個階段，分別為：

0秒到5秒

6秒到10秒

11秒到15秒

16秒到20秒

21秒到25秒

隨著時間不同，水預浸程度與相對應位置也會不同，請練習以現在所能想到的畫看看，在往下看正確的路徑。

讓我們從實際狀況來觀察！

咖啡液萃取一般都是由外向內進行，以包覆式的方式將咖啡粉餅做最均勻的沖煮。下列圖片是將咖啡粉餅在不同秒數下的實際受水狀態，以照片型態呈現，讓我們可以更加清楚咖啡液萃取是如何進行的。

出水2秒

在機器出水後兩秒將把手卸下，會發現上層因為先碰到水而是濕潤的，再將粉餅倒出，則會發現咖啡粉還是乾的，而粉餅靠近濾杯的邊緣是濕潤的。

出水3秒

水從粉餅外圍往底部流，而當水積在底部的壓力足夠時，自然就往濾杯下方的孔洞流出。

出水4～10幾秒

再接著萃取到中段，一樣將粉餅敲開來觀察，會發現粉餅上層因為先接觸到水，水已經吃到咖啡粉內部而膨脹，所以上層會先脫落，而中心因為還沒萃取到所以顏色還是偏淡。

接近尾段

當我們將接近尾段的粉餅敲開來看，會發現比較容易敲開，再觀察一下粉餅，靠近中心的粉餅還是比周圍的粉餅顏色淡一些。

從無底把手觀察，會發現濾杯外圍先流出咖啡

粉餅完整

——一次性的填壓到底

[完整填壓]

觀念

　　沖煮的穩定性，咖啡粉量是最大的影響因素，機器可以提供穩定水壓、水量、水溫、水流方向，將濾杯所填壓的咖啡粉加以萃取沖煮出咖啡液，因此只要濾杯內的內容物是緊實的，配合9氣壓的水壓，水就會從粉餅最外層逐漸滲透至粉餅內層，完成包覆式萃取。

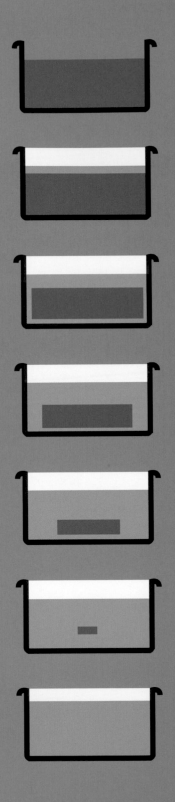

由實際沖煮的流狀觀察

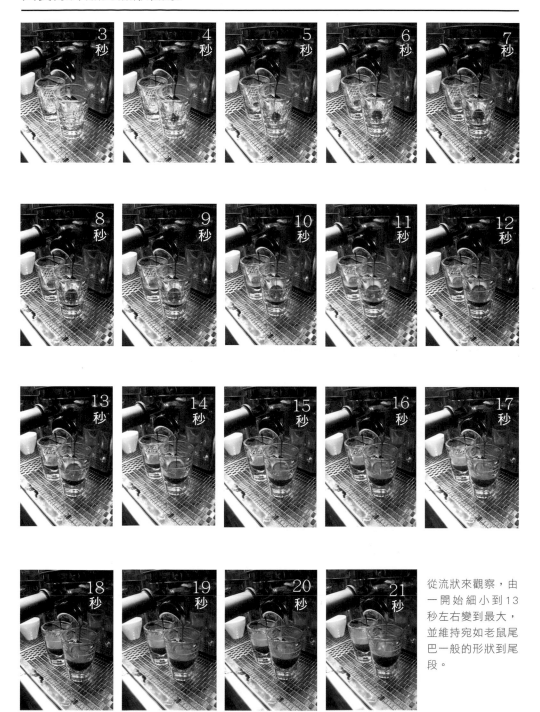

從流狀來觀察，由一開始細小到13秒左右變到最大，並維持宛如老鼠尾巴一般的形狀到尾段。

04

顏色
Color

　　了解了前述的理論之後，思考一下，在包覆性的沖煮之下，濃縮的顏色會呈現什麼狀態，下面兩張照片各為不同萃取狀態的咖啡液顏色，可以試著先判別一下萃取是否完整，萃取完整的畫上○，萃取不完全的則畫上╳。

[　]

[　]

Espresso 顏色變化

一般來說，咖啡粉的沖煮應該會有以下幾種顏色呈現。

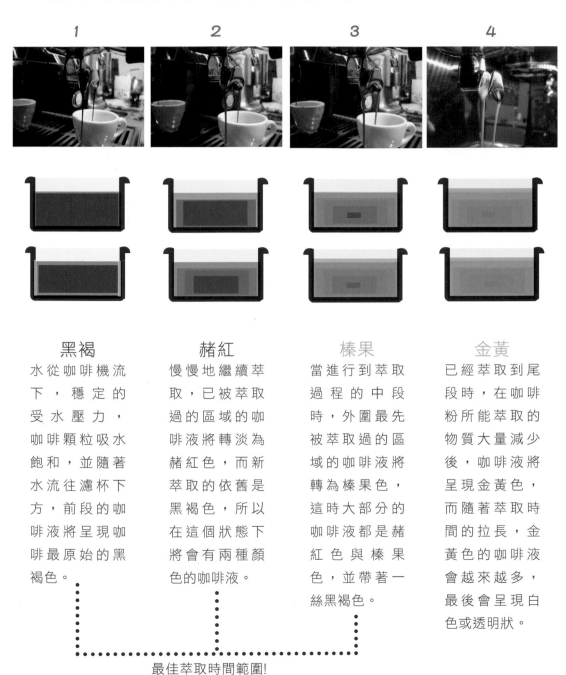

黑褐

水從咖啡機流下，穩定的受水壓力，咖啡顆粒吸水飽和，並隨著水流往濾杯下方，前段的咖啡液將呈現咖啡最原始的黑褐色。

赭紅

慢慢地繼續萃取，已被萃取過的區域的咖啡液將轉淡為赭紅色，而新萃取的依舊是黑褐色，所以在這個狀態下將會有兩種顏色的咖啡液。

榛果

當進行到萃取過程的中段時，外圍最先被萃取過的區域的咖啡液將轉為榛果色，這時大部分的咖啡液都是赭紅色與榛果色，並帶著一絲黑褐色。

金黃

已經萃取到尾段時，在咖啡粉所能萃取的物質大量減少後，咖啡液將呈現金黃色，而隨著萃取時間的拉長，金黃色的咖啡液會越來越多，最後會呈現白色或透明狀。

最佳萃取時間範圍!

再次試著做判斷！！

　　了解完整流程之後，再試著判斷下面幾種不同狀態是否為完整萃取，在空格中作答，萃取完整的畫上○，萃取不完全的則畫上╳。

[　　]　　　　　　　　　　[　　]

[　　]　　　　　　　　　　[　　]

[　　]　　　　　　　　　　[　　]

濃縮顏色判斷

從流狀和顏色可以清楚知道殘留的濃縮咖啡表面crema該會呈現什麼狀態，我們從前面的範例來檢視該如何修正。

萃取不完整

這一杯雖然三種顏色都有，但是我們可以注意到下方的crema偏薄到幾乎快看到咖啡，這是填壓不完整而使後段流速過快所導致的尾段萃取不足。

萃取時間過長

這杯多了一塊金黃色，代表萃取過久，可以用手指將金黃色部分蓋起來，便會發現它的顏色相當完整，所以再沖煮時可以在同樣條件下，將秒數再縮短。

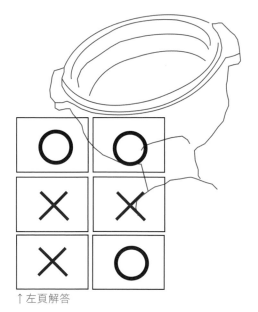

↑左頁解答

萃取不足

全部的顏色都是榛果色，代表水分在通過粉餅時，每個顆粒受水時間都過短，因此可推論出萃取時可能發生了粉過少、粉過粗或豆子不新鮮等狀況，我們也由此可推斷流狀會呈現出之前所提到的榛果色狀態。

Chapter 4

拉花

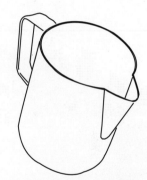

Latte Art

latte art

拉花器具介紹

工欲善其事，必先利其器。良好的技術當然也要有適切的器具來操作才行，接下來，就讓我們介紹一下拉花時所需要的器具吧！

1 拉花鋼杯
Frothing Pitcher

拉花鋼杯的容量
一般分為

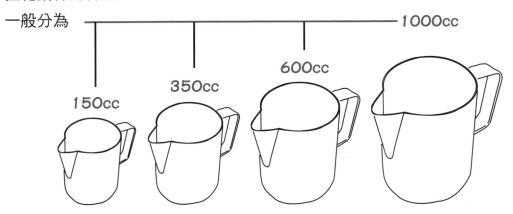

1000cc

600cc

350cc

150cc

奶盅的容量大小隨著蒸氣量的大小而有差異，
350cc和600cc是一般較常使用的鋼杯種類。

一般營業用的雙孔義
式咖啡機，其蒸氣大
小，足夠應付600cc以
上的拉花鋼杯

太大的拉花鋼杯配上蒸氣小的機器，
其蒸氣壓力和力道無法完整帶動奶泡
與牛奶均勻混合，因此奶泡也就無法
打得好！

- - - - - - - - - - - - - - - - - - -

單孔或是一般家
庭用的咖啡機，
就比較建議使用
350cc或是容量
更小的拉花鋼杯

那小尺寸的拉花鋼杯配蒸氣大的機器
呢？這就有點在考驗功力囉，鋼杯容
量小，加熱時間自然會比較短，要在
短時間內均勻混合奶泡，而且還要保
持在適當溫度內，因此用350cc鋼杯
打奶泡是個不小的挑戰，不過350cc
拉花鋼杯的好處是不會浪費牛奶，而
且要拉細緻一點的圖案時，會是一個
很好的幫手。

拉花鋼杯 嘴部

鋼杯嘴部通常以長嘴、短嘴和寬口、窄口加以區分，可依個人喜好選擇。

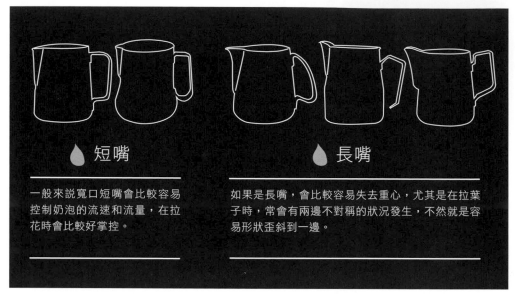

短嘴

一般來說寬口短嘴會比較容易控制奶泡的流速和流量，在拉花時會比較好掌控。

長嘴

如果是長嘴，會比較容易失去重心，尤其是在拉葉子時，常會有兩邊不對稱的狀況發生，不然就是容易形狀歪斜到一邊。

這些問題可以勤加練習來加以改善，然而對初學者來說，卻是在無形中提高了初期練習的困難度，同時也會耗費更多的牛奶，因此建議初期練習時可以選擇短嘴的鋼杯。

2 溫度計

不太建議使用溫度計，因為溫度計會搗亂奶泡中的水流，不過在初期，對於溫度的掌控還不熟練的時候，溫度計的確是一個不錯的幫手，因此建議當漸漸可以用手感測量溫度的變化後，就不要再用溫度計了。

半濕毛巾

乾淨的濕毛巾是要用來清理打過奶泡的蒸氣管用的，沒什麼特殊需求，乾淨、好擦即可，也因為是用來擦拭蒸氣管，所以請不要拿去擦蒸氣管以外的物品，以維持清潔。

4 CUP
咖啡杯

　　雖然杯身形狀的不同，也會間接影響拉花的成形與時機，但是杯子選擇的首要條件還是在於容量，而選定杯子的容量後則要選用相對應的鋼杯，最後要考慮的才是杯子的形狀，不過一般來說大致都會以高且深的杯子和底窄口寬的矮杯等兩大類來加以區分。

● ● ● ● ● ● ● ● ● ● ● ● ● ● ● ● ● ● ● ●

　　一般所講的咖啡杯都是以圓形的杯子為主，其他形狀的其實也可以，但是要注意在奶泡倒入和咖啡混合時是否均勻混合。

● ● ● ● ● ● ● ● ● ● ● ● ● ● ● ● ● ● ● ●

🔥 使用兩種杯子的注意事項……

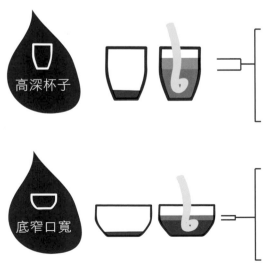

高深杯子 ── 內部體積不大，所以在倒奶泡時奶泡容易累積在表面，雖然圖案容易成形，但往往會因為奶泡的厚度太厚而影響到口感。

底窄口寬 ── 窄底可以縮短奶泡與咖啡融合的時間，而寬口則可讓奶泡不會積在一起，並有足夠的空間平均分布，其圖形花樣的呈現也會比較美觀。

5 牛奶 MILK

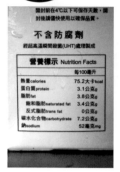

打奶泡的主角當然是牛奶,而其中要注意的就是牛奶的脂肪含量,因為脂肪的含量會影響到奶泡的口感和穩定度。

不過並不是脂肪含量越高就代表奶泡可以打得越好,脂肪過高(一般生乳在5%以上)通常會不容易起泡。

牛奶會起泡是因熱蒸氣打入牛奶時,牛奶的蛋白質會沾附在氣泡上,接著脂肪在加熱軟化後會變成氣泡間的黏著劑,而變成穩定的牛奶氣泡。

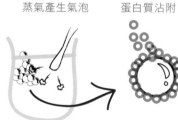

蒸氣產生氣泡　　蛋白質沾附　　脂肪黏著

🌀氣泡　⭕蛋白質　⬭脂肪

過多的脂肪含量反而會影響到牛奶蛋白質沾附在氣泡上的狀態,造成一開始不好打奶泡,往往要當溫度上升到一定程度時,奶泡才慢慢產生出來,不過這樣一來就會使得整體的奶泡溫度偏高,進而影響到整杯咖啡的口感,而且過高的溫度也會破壞牛奶中的蛋白質成分,雖然高溫能使起泡的脂肪溶解,但是被破壞的蛋白質卻也讓奶泡在短時間內開始固化,要是以這樣的狀態再繼續打下去的話,或許接著就會出現海綿蛋糕的狀態也說不定。

在選擇打奶泡的牛奶時,建議選購脂肪含量為3～3.8%的全脂牛奶,因為在經過整體測試後,這樣的含量所打出來的奶泡品質最佳,而且加熱起泡也不會有問題。

何謂好的奶泡？

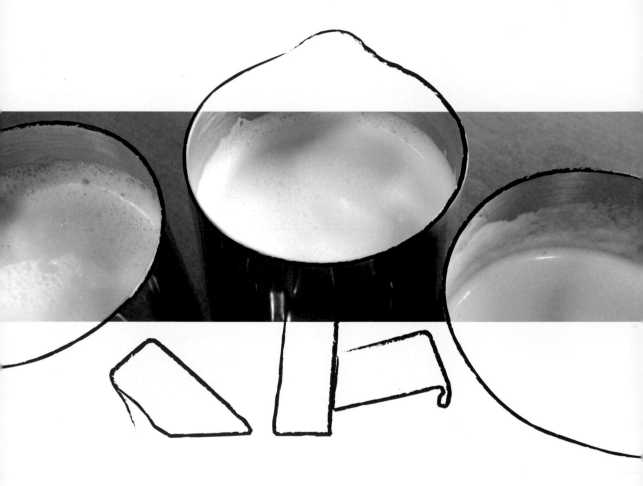

20%

發泡量建議在20～25%

　　在使用蒸氣加熱牛奶時會產生奶泡，隨著奶泡的產生，牛奶在拉花鋼杯的體積，也會因為融合了空氣而使奶泡體積變大，但是整體上升的體積是有所限制的，太多或太少對於奶泡的品質都有影響，其中又以20～25%的發泡量為最佳。

EX 350cc 拉花鋼杯

　　使用350cc的拉花鋼杯時，將牛奶加至拉花鋼杯的凹槽附近，牛奶的用量大約是175～200cc左右，打完奶泡後的整體容量就必須要控制在大約210～250cc，所以換成大鋼杯時，可以增加的奶泡容量也相對比較多，而使用的鋼杯大小則取決於所用的咖啡杯容量。

奶泡太薄太厚都不好，比例要剛剛好

奶泡過少

奶泡過多

要是奶泡量太稀的話，在拉花時會因為手勁不平均，而容易影響到圖形的對比或成形的形狀。

奶泡要是太多會影響到在倒奶泡時，濃縮咖啡與奶泡的融合品質。通常太厚的奶泡溫度基本上都已經超過65℃以上，而蛋白質正處於開始變質的情況，質地綿厚但無法滑順。

相信愛咖啡的人都有在品嚐卡布奇諾時，一直只喝到奶泡的經驗，而且還有可能會覺得喝到的牛奶和海綿蛋糕沒兩樣，這種咖啡不管喝起來或看起來都不好，更不要說是要從頭到尾的一致口感了，而造成這種現象的罪魁禍首就是太厚的奶泡。在初期練習時可以將打好的奶泡倒入透明玻璃水杯，這樣就可以觀察到表面奶泡的厚度。

嚴重錯誤！！
奶泡千萬不能刮掉！

刮掉奶泡是非常錯誤的行為，因為在打奶泡時，所製造出來的奶泡是針對原有牛奶的整體性而製作的，就如同製作糕點一樣，麵粉和水的量都是固定好的比例，要是改變其中一個分量，都會影響到成品的整體性，因此千萬要記住不可以把奶泡刮掉，如果奶泡真的太厚，建議重做。

2 温度

打好的奶泡溫度
應該介於55～65℃之間

　　各位一定有過喝到燙到不行的卡布奇諾或拿鐵的經驗，這樣的一杯咖啡喝的時候燙口，拿在手上也燙手，品嚐這樣的咖啡實在稱不上是一種享受，而會讓一杯咖啡過燙，主要都是因為奶泡加熱太久所造成的，因此在練習打奶泡時，溫度的掌控也是非常重要的一環！

奶泡過熱
還會造成什麼後果？

　　為什麼奶泡溫度要介於55～65℃之間呢？奶泡溫度如果太熱的話，會破壞牛奶的分子，而造成風味的流失，另外，牛奶一旦加熱超過60℃，糖分就會開始蒸發，而且分子結構也會開始變化。

當濃縮咖啡煮好時，溫度會開始下降，當奶泡打好準備要倒入拉花時，咖啡的溫度也應該慢慢降到60℃左右才行，因此要是奶泡的溫度太高的話，就會直接影響到咖啡與奶泡混合的品質，所以請記得品質良好的奶泡溫度應該是要介於55～65℃之間才對。

3 奶泡模範生

綿密的優質奶泡

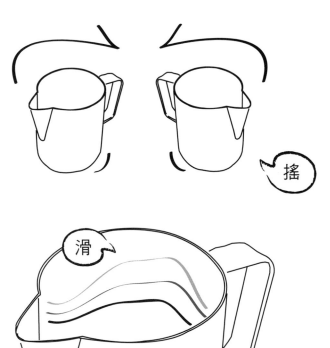

搖

滑

奶泡的優劣狀況
要如何判斷？

　　要判斷奶泡的好壞，可以在打好奶泡之後，以順時針和逆時針方向反覆地搖晃拉花鋼杯，這時奶泡則會因為搖晃而沾附在杯壁上，接著則要注意觀察杯璧上的奶泡，奶泡的狀態應該要像奶油一樣慢慢地滑落，而外表的粗細應該都要是小小顆細緻的氣泡，不能有粗細不均的大泡泡摻雜其中，這樣的奶泡才稱得上是一杯好奶泡。

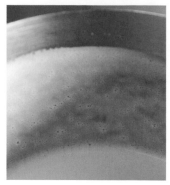

如果奶泡滑落的速度太快，那代表奶泡與牛奶並沒有混合均勻，而且此時應該會察覺到杯壁上會出現大小不均的泡泡，這樣的狀況基本上就是沒有混合均勻，只要多加練習應該就可以改善狀況。

在奶泡的製作要素都能掌握之後，就能深切感受到打奶泡的樂趣與成就感。另外，再透露一個作者個人經常運用的小技巧，當奶泡打好之後會慢慢凝固，這是因為接觸到空氣，使得奶泡溫度下降而慢慢固體化，而這時還可以選擇要製作不同形式的奶泡喔！

①如奶油般滑順的奶泡

②厚實綿密的奶泡

打好奶泡後，可以將拉花鋼杯晃久一點，接觸空氣久一點，就可以做出較厚的奶泡，作者個人是不喜歡用蒸氣將奶泡打厚，因為這麼一來奶泡會太硬而沒有綿密厚實的口感，而且完成的奶泡也無法調整。

打奶泡練習

基本練習

首先讓我們認識一下機器的部分

一般營業用的義式咖啡機
都會附設蒸氣棒來蒸煮奶泡
雖然蒸氣量的大小可調整
但卻很有限
所以不建議在初期練習時
就先調整蒸氣量的大小
反而會希望各位先熟悉現有的狀況
等熟練之後
再依個人的需求調整

此外還有以下5點也會影響奶泡的製作

1 蒸氣管的管徑

2 蒸氣管噴嘴的孔數
蒸氣管管徑與蒸氣管噴嘴會直接
影響到加熱的速度。

3 蒸氣管噴嘴的形狀

4 噴嘴孔的位置
噴嘴的形狀和噴嘴孔的位置，則
會影響到整個水流的走向。

5 蒸氣管噴嘴的角度
角度會影響到奶泡的細緻度

剛開始練習，為了防止買牛奶買到傾家蕩產（先別笑，這是很有可能的），建議先使用一般飲用水，來測試所使用的機器蒸氣管所帶出的水流，練習時的水量可裝盛到拉花鋼杯的凹槽下方。

先將蒸氣打開

觀察一下蒸氣從噴嘴孔噴出的形狀，不同廠牌的蒸氣棒孔的方向，多少都有些不同，大致可分有較為外擴和較為集中的形式。

如果比較外擴

建議將蒸氣管置放在偏拉花鋼杯外圍的位置。

如果比較集中

建議放在偏拉花鋼杯中心的位置。

水填至凹槽

將水裝盛到凹槽附近，將蒸氣管以大約30～45度角的方向置入拉花鋼杯之中。

深度

深度大約就是將噴嘴的部分埋到水面下2/3的位置，深度是因奶泡的量而做調整的。

4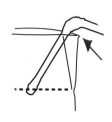

蒸氣棒固定的位置

至於蒸氣管該靠在什麼地方，剛開始如果找不到方向請將蒸氣管放在拉花鋼杯嘴部的部分，用這個地方來當做蒸氣管的移動基準點。

5

調整位置

建議將蒸氣管置放在偏拉花鋼杯外圍的位置。

6

漩渦

因為蒸氣棒的蒸氣是構成整體水流轉動的動力，所以當漩渦形成時，蒸氣棒應在漩渦中心的外圍。

起泡的吱吱聲會變成間接式產生，這是蒸氣在把粗泡攪細的聲音，這時維持手勢不動，一直到溫度上升到前述的溫度範圍即可。

　　初期先用水來練習是為了讓初學者清楚看到起泡和漩渦形成，以及噴嘴埋進水中深與淺的差異性，等練習到已經掌握其特性之後，就可以開始用牛奶練習，不過因為水裡頭含有的物質和牛奶比起來是少的，所以水比較容易產生旋轉，也比較容易抓到角度和位置。

1. 蒸氣口埋進水面2/3起泡。
2. 水成漩渦狀後，將蒸氣口放到漩渦中心之外圍。
3. 蒸氣棒與漩渦面大致呈30度角，埋進水面的蒸氣口從2/3變為1/3。

進階練習

基礎練習熟練之後，
我們就可以開始進行進階的部分，
進階練習也就是
正式開始用牛奶打奶泡，
之前用水練習時，
因為水沒有蛋白質和脂肪的成分，
所以打起來的泡泡會因為沒有蛋白質的沾附
和無法連結而快速破裂，
不過使用牛奶就不會有這樣的問題。

固定蒸氣棒

一開始產生的奶泡一定會大小不均，而且一定會發現，奶泡的增加會慢慢讓原本的奶量看起來變多，這時要注意當位置選定後，且奶泡產生均勻且漩渦明顯時，就不要再變動蒸氣口位置。

移動蒸氣棒

這時候很容易犯的一個錯誤，就是很多人會開始讓蒸氣口往上移動到牛奶水平面。

錯誤的原因是因為將蒸氣口往水平面拉時，會在瞬間產生一個空間，而這突如其來的空間會和蒸氣口相衝突，而產生大泡泡，結果就會造成要花更多的時間將奶泡打均勻，最後就造成牛奶過熱的結果。

除非有一種狀況就是當奶泡堆積在表面時，要是蒸氣無法將其攪入下面的狀況，就可以稍微讓蒸氣棒往上移一點，這是因為一開始打出太多的奶泡層積在表面，使得蒸氣無力將所有奶泡往下攪動，因此這時提升一點蒸氣棒的位置，將有助於攪拌的狀況。不過這種狀況大部分都只會發生在家用機上，所以如果是營業用機器，別移動蒸氣口位置。

漩渦

接著就是讓奶泡呈漩渦狀轉動，因為當奶泡以漩渦狀轉動時，奶泡會因為漩渦原有的慣性，而將表面的泡泡全數往下攪動，而且也會將整體奶泡裡多餘空間加以減縮到最小程度。

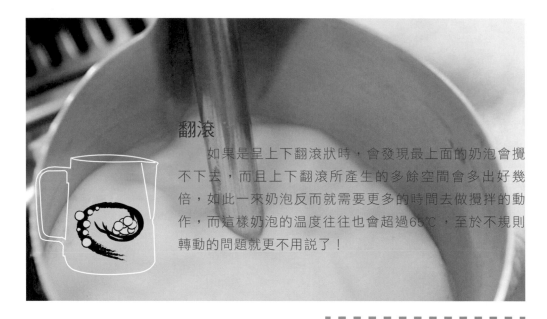

翻滾

如果是呈上下翻滾狀時，會發現最上面的奶泡會攪不下去，而且上下翻滾所產生的多餘空間會多出好幾倍，如此一來奶泡反而就需要更多的時間去做攪拌的動作，而這樣奶泡的溫度往往也會超過65℃，至於不規則轉動的問題就更不用說了！

其實當蒸氣開始打入牛奶的瞬間，就已經開始產生奶泡了，因此接著只要讓整體牛奶轉起來，並在攪細和加溫的過程中，帶進更多的空氣產生奶泡，就能讓整杯拉花鋼杯裡的奶泡與牛奶達到最佳的融合狀態。要是刻意將起泡時間拉長，則會需要花更多時間將奶泡攪細，結果就是讓牛奶溫度過高；而且奶泡太厚還要費工刮除造成浪費，甚至會影響口感。

POINT

1. 請使用冰牛奶。
2. 噴嘴深度請勿任意更動。
3. 讓奶泡維持漩渦狀的攪拌。
4. 打好的奶泡必須維持在20～25%之間的比例。
5. 溫度請維持在55～65℃。

1.放氣　2.定位置　3.開蒸氣　4.發泡　5.旋轉　6.融合　7.加溫

　　在打奶泡的整個過程中，從開蒸氣開始就應該是旋轉的，因此之前用水練習的基本功就很重要。整個過程中起泡最多的階段應該會在一開始，所以初期的聲音會有最多的起泡聲，而接著會因為奶泡體積的增加，而讓發泡變成間斷性的產生，因為一直以漩渦式旋轉，所以在表面發起的奶泡就會被往底部帶，使發起的奶泡往下與牛奶融合，當奶泡體積增加到一定程度，蒸氣頭完全埋進牛奶裡後就不會再起泡，聲音也會從明顯的發泡聲音轉為較悶的聲音，這時候只要將牛奶溫度打到適中即完成奶泡的製作。

拉花練習

基礎

對於初學者來說，
不建議一開始練習拉花，
就馬上進入心型或
葉子的練習，
請先將基礎打穩，以能
穩定控制奶泡倒出的流量，
來加以好好練習。

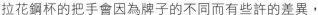

>>>>>>>ONE

拉花鋼杯的把手會因為牌子的不同而有些許的差異，
這也或多或少會影響到整體拉花的手感，
作者個人習慣將拇指按在把手平台上，
然後用剩下的四隻手指握住把手，
我會注意不將手握死，
因為當握死把手時，
所搖晃的地方是拉花鋼杯，
而不是奶泡。

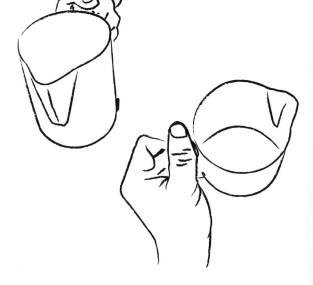

【拉花】

也可稱之為甩花，
過程中大部分的動作
都像是在將奶泡從拉花鋼杯裡甩出去，
但是甩的可不是拉花鋼杯，
因為不管怎麼大力的去搖晃拉花鋼杯，
都不會產生漂亮的線條。

甩動和施力點

主要注意事項

1 要製作小範圍的圖形時，拇指要按住平台的位置。

2 要製作大範圍圖形時，所要控制的部位是手腕的關節。

3 當不做甩動的動作時，請提醒自己，大拇指需與拉花鋼杯的嘴部成一直線，這樣才能確保奶泡是從拉花口的中間倒出的。

　　當然沒有限定一定要從拉花鋼杯的嘴部倒出奶泡才能拉花，這個動作是在訓練控制奶泡量能盡量穩定，至於能夠穩定控制奶泡量的用意、優點，還有能應用在什麼地方，後面的內容將會詳述，因此請各位要先好好練習這些基本動作。

>>>>>>>>>>TWO

SECTION 1 ----------------------------------

先準備一只水杯或咖啡杯,將水加入拉花奶盅中,可以將水杯拿在手上或是放在桌子上,但剛開始練習還是建議將杯子放在桌上。

接著試著將拉花鋼杯中的水倒入水杯中,慢慢地將拉花鋼杯拿高,注意此時水柱應仍然維持平穩,並反覆地將拉花鋼杯拿高和放低,一直練習到倒滿為止。

而平穩的定義,就是在水柱倒入水杯中時要沒有氣泡產生的現象,才是正確的。

● 手勢

　　倒的時候,大拇指應該要壓住把手,將拉花鋼杯推至前傾,然後再將拉花鋼杯的嘴部慢慢往下壓,這樣的做法是為了確保先倒出上層的奶泡,而不是最底部的牛奶,因為奶泡的分子小於牛奶,要是牛奶先倒出來,那麼就會造成奶泡混合時的難度。如此反覆練至熟練,就可進行到下一階段。

 控制倒出水柱的水流穩定性
減少水柱倒入時產生的氣泡數量

SECTION 2 - - - - - - - - - - - - - - - - - -

熟悉第一階段的基礎練習後，就可以開始使用奶泡來練習

←先將事先煮好置於杯中的espresso放在桌上或拿在手上（將杯子拿在手上或放在桌上可自行決定）。

←先把拉花鋼杯拿高，再將奶泡往下倒入espresso中。

這個地方的練習重點基本上跟Section 1大致相同，需要注意的就是沖入espresso的奶泡，不可以因為奶泡的沖勁，而造成crema顏色分布不均。→

在將奶泡倒入espresso時，應該是以穩定且緩慢的速度注入，要儘可能的避免有忽大忽小的狀況發生，倘若注入的奶泡流速忽快忽慢，或流量忽大忽小，都會將crema的表面沖壞，而且這樣也容易在表層產生氣泡，除了造成飲用時口感不均勻外，外觀也不美觀。

倒出奶泡量流量的穩定性
奶泡在倒入咖啡中應無氣泡產生
奶泡倒完後，crema的顏色應平均分布

拉花練習

進階

在基礎練習當中學會了
以穩定的狀態並能隨心所欲地
控制奶泡量的流量之後，
在日後的實際操作過程中，
就不會因為杯子的形狀不同而有所阻礙，
接著就讓我們一起正式進入所謂的拉花殿堂吧！

CONCEPT 1
拉花的成形

首先要了解如何讓拉花成形

　　在基礎練習中，我們會發現在奶泡要倒滿杯子時，表面都會開始漸漸呈現白色狀，就如下圖所示，隨著咖啡越往表面填滿，到了一定高度的時候，就會出現白色的暈開狀，而這個時間點就是拉花的起點，請試著練習精確地加以掌握。

CONCEPT 2
拉花的成形困難

　　在拉花的過程中，會發現有時候怎麼已經用力晃動了，但就是沒有白色線條，這是因為倒入高度離液面太高、衝力太大，如果將拉花鋼杯拉高，會因為重力加速度而使下流速度增強，並且讓下壓的力量變大，而使得白色的部分被強勁的奶泡帶入底部，這麼一來想要成形就不容易了，如下圖所示，隨著液面升高、衝力減少，白色奶泡就會浮在表面，但在提高鋼杯時，前面的白色圓圈就被往底下衝，造成無法拉出花樣的狀況，這時候就是犯了在拉花時不自覺地將鋼杯提起增加了衝力的錯誤。

關鍵點

相反地，如果此時將拉花奶盅放低，甚至讓奶盅嘴部的部分靠近咖啡的表面，我們會發現白色的奶泡會開始堆積在表層，而形成一整片都白色的狀況，而這時間點就是拉花的起點，也是基本功。左邊兩張示意圖都剛好是白色奶泡浮出的起點，我們可以發現一個共通點，就是高度和奶泡的量都是一樣的。

拉花大致可分為下列幾個基本動作

1 高而細 低而粗

高而細

　　如前文所述鋼杯拉高時會將已製造出的白色花樣往下衝，而在剛開始結合時，需要將拉花鋼杯拿高倒出細水柱，拿高是為了增加奶泡力道，在水柱倒入espresso時，會將白色奶泡帶入espresso中，並進而與espresso、crema混合，這個步驟非常重要，攸關口感的好壞。

低而粗

　　將拉花鋼杯拉低靠近咖啡，奶泡流速變緩時，水柱的力道會變小，白色奶泡就會開始層積在咖啡表面，剛開始層積時可以慢慢增加倒出來的奶泡量，當往下的流速減緩時，表面的奶泡則會隨之層積越多，但切記其範圍不要過大，過大則代表衝力增加了。

適當的時機

所謂適當的時機，必須取決於想拉的圖形複雜度與大小，圖形越大越複雜時，建議約在杯子四分滿時，就可以將拉花鋼杯的嘴部靠近咖啡，將奶泡量變粗使之成形。

2 鋪奶泡

　　之前的練習其實就是鋪奶泡的行前練習，而鋪奶泡的用意，是為了讓奶泡平均層積在crema底下，這會使得白色奶泡比較容易在表面成形，而且圖形會比較真實，對比也會比較明顯，最重要的是顏色均勻的crema，會讓咖啡的口感一致。

　　如果已經開始有顏色不均的情況產生時，就表示在同一地方倒入奶泡的時間太久，使得crema被沖散、沖淡，解決的方式只要將奶泡再移至顏色較淺的地方即可。

在開始倒入奶泡時就要開始注意crema的顏色是否都是均勻的，下面有3種常遇到的狀況

狀況一
crema破散

在剛倒奶泡時，要是奶泡給了太多，導致crema在初期被破壞，就會看到表面顏色偏白而且不均勻，這樣就會使得咖啡的融合不好，導致咖啡和牛奶混合得較差。

狀況二
奶柱忽大忽小

表面顏色有黑有白，靠近白點附近有一塊特別白的，就是衝力忽然變大時所沖出的，而表面黑的地方還有白線，那就是衝力忽然變小時所畫上的，這種狀況同樣會造成口感不均衡。

狀況三
混合點太靠近杯緣

我們可以發現左邊有一個洞，那是因為在混合的時候一直固定在右邊，導致奶柱的衝力都往左邊沖，因此奶泡都被帶到右邊，這會造成奶泡分布不均。

—— 將這兩點反覆練習，倒出一片大的白色圓形，甚至覆蓋整個咖啡 ——

建議先從小圓開始，完成後觀察crema顏色是否均勻、顏色對比是否明顯，以此再慢慢漸進到能覆蓋整個表面。

Lalle Art

拉花實例

01

愛心

　　前面的章節都是練習基本功夫，接下來則要開始進階練習拉花變化，而之前在練習將白色奶泡倒在表面時，會發現都會呈現一個圓，基本的愛心形狀則是由圓形衍生出來的，愛心拉花通常會有純白色的愛心以及當中有許多線條的愛心，我們則稱之為實心和洋蔥心。

實心

實心是控制奶泡
浮在表面的基礎功夫，
也是鬱金香拉花
的基本功。

洋蔥心

洋蔥心是控制奶泡
搖晃穩定的起點，
也是拉葉子的基本功。

HEART

實心

　　基本的拉花，以圓為基礎，在大小適當時，將拉花鋼杯往反方向拉過去，同時間將水柱縮小，拉到底即可完成，重點在於圓圈形成和最後收尾部分，如果已經先將圓圈練熟，那只要抓準收尾時機，就能拉出漂亮心型。

收尾

　　收尾時要將奶柱縮小，可用相同的鋼杯角度，將鋼杯拉高，再往前畫過，熟練後可以在畫過的同時再將奶柱縮小，這樣能避免往上提的過程讓白色部分往底下衝，導致愛心變小或變形，而在收尾時如果沒有縮小就會完全變形，形狀會往鋼杯走的路線帶，圓形會變橢圓或凸出一小塊白色。

洋蔥心

　　在同一個位置，利用晃動鋼杯將牛奶畫過上層奶泡，形成一層層的線條推疊，讓往前堆疊的奶泡順著杯緣推擠往後包圍，最後再將水柱拉高並且往前收尾。

晃動

　　晃動的技巧是要晃動牛奶，而不是單純讓鋼杯做移動，可以利用手指做小幅度的晃動，也可以用手腕做大幅度的晃動，我們可以從上圖觀察到只有牛奶在擺動，而牛奶晃動時記得維持牛奶流量的穩定，太少會沒有向前推擠的力量，太多則衝力太強會讓奶泡往下衝。

鬱金香

當實心熟練之後，可以開始練習鬱金香的部分，多層次的鬱金香，靠的是一層層的奶泡堆疊，將每次形成的白色部分，靠著尚有流動性的均勻奶泡往前推動，因此實心拉花的練習就相當重要，要做到每次都確實地出現白色，如果不順手，可以重新練習實心，抓準白色奶泡浮在表面的時機，記憶奶泡量與高度。

TULIP

2

鬱金香的練習，建議從兩層開始，記得在實心練習出現白色圓圈時就可以停止，接著往後一點用相同的奶泡量和高度往前推擠，就會有兩層的效果，等熟悉之後，再慢慢把層數增加。

2

開始練習兩層鬱金香，要記得在實心練習的動作，當有白色圓圈出現的時候就可以停止，接著往後一點用相同的奶泡量和高度往前推擠，在圓圈上方再用牛奶推出一個愛心，就會有兩層的效果。

3

在兩層鬱金香熟練後，可以試著練習多加一層，由於需要多加一層，所以前兩層的節奏要加快，才有時間去完成最後的愛心。

4 5 6 7 8 9

接著可以慢慢地練習加層數，越多層數，所需要的流動性要更高，開始拉花的時間要提早，且每層的節奏要加快，否則奶泡硬化後就比較難推動，在推的時候要注意節奏和奶泡的穩定量，並且注意每次下手的位置，才會讓層次分明和段落清楚，每一層的寬度都一致，這是最終的目標。

10

葉子

　　葉子在拉花的圖形中是最容易形成的圖案之一，因為只要有晃動和移動，線條自然就會形成，但是要拉到好看，注意的地方就多了幾個條件，要注意鋼杯嘴是否沒有歪斜，晃動的頻率是否一致，往反方向移動的速率是否穩定，與杯子奶泡的高度是否相當，奶泡的出奶量是否適當，這麼多條件組合在一起，才能構成大小適中、黑白分明、對稱的葉子，但這是終極目標，一開始可以從黑白分明的葉子做起，接著再一步步達成。

ROSETTA

洋蔥心的延伸

　　洋蔥心熟練之後，可以練習有展開的葉子，和沒有展開的小片葉子，兩種葉子的差別在於往後拉的時間點不同，造成往前擴展程度不同的形成狀態。

ROSETTA 1　　ROSETTA 2

ROSETTA 1

第一種葉子是有包覆型態的，所以與練習洋蔥心一樣，一開始先晃動讓線條慢慢往周圍包覆，而當奶泡往外包覆時，就可以順勢往反方向慢慢移動，藉由往反方向晃動的路徑拉出葉片。

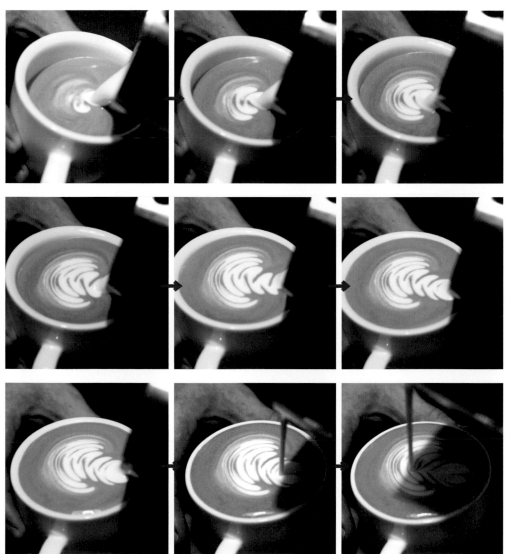

ROSETTA 2

　　第二種型態的葉子是沒有包覆的，因為不要讓它包覆，所以在晃動出現白色的時候，就要馬上往反方向移動，自然葉片就會隨著移動的路徑上色。

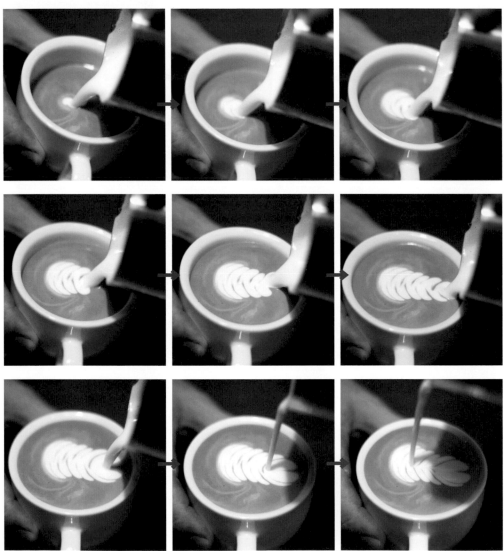

組合

　　其實大部分的複雜拉花，都是由基本功加以組合後展現的，不管是倒的角度、分量，又或是晃動的力道，都需要穩定的熟練度，因此基本練習的每個步驟都相當重要，接下來將示範幾個基本組合圖形的方向和技巧。

愛心、鬱金香、葉子，熟練之後就可以試著將不同的元素組合，並試著自由發揮拉出許多有趣的圖形。

翅膀

兩個單葉組合起來，在收尾的時候往葉子邊緣收尾，就會成為翅膀。

　　翅膀是兩個沒有包住的單片葉子所組合的，因為翅膀的分布是左右兩邊，所以起始點要從左邊或右邊開始，可依個人習慣而定，前面步驟和拉單葉相同，不同的是在收尾時，單葉要從中間畫過，而翅膀則是從靠內的線條邊緣收尾，另一邊也是同樣的手法，另外還要注意左右對稱。

葉子・鬱金香

組合1

將葉子和鬱金香結合，利用轉動杯子讓它形成不同花樣。

①第一個步驟先利用晃動拉出葉片，在往後到一半的時候停止，接著將杯子反轉180度，再接著進行拉鬱金香的步驟。②在推的過程中也要注意奶泡的量和高度，一層一層將鬱金香堆疊出來。③最後在收尾時，要特別注意，如果中間過程速度太慢，奶泡已經浮上來，流動性就會變差，因此建議先以少層數開始練習。

葉子‧鬱金香

組合2

將葉子和鬱金香結合，先推鬱金香，再拉葉子。

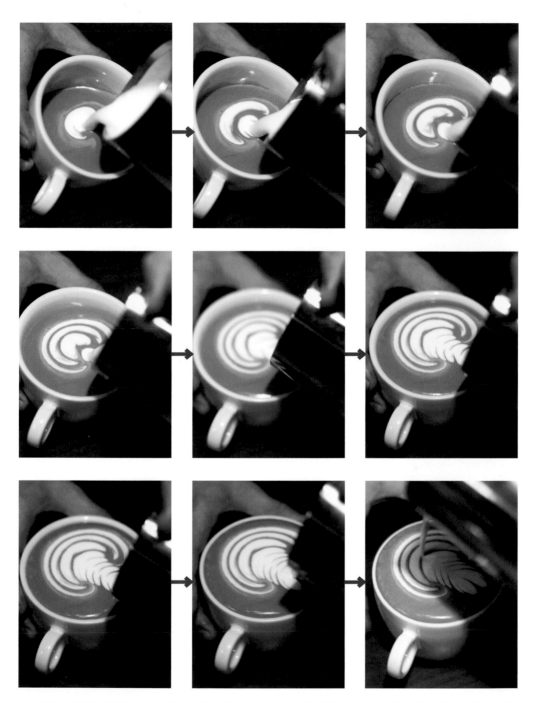

①一開始用推鬱金香的技巧，要注意倒奶泡的節奏，可以將杯子傾斜，加長做圖的時間，但還是要注意剛開始的融合。②接著用拉單片葉的技巧，在往前推的時候，有白色出現就往後拉。③最後在收尾的時候，也是要將奶柱拉高或縮小往前拉去。

葉子・鬱金香

組合3

將葉子和鬱金香結合，先拉葉子，再推鬱金香。

①首先用 **Rosetta 1** 的葉子技巧，先做出線條再往後拉。②拉到快結尾的時候停止，再來用推鬱金香的技巧推實心出來。③通常越早開始推鬱金香，可以推出的層數會越多，結尾記得縮小或拉高。

葉子‧鬱金香

組合4

當反轉的葉子鬱金香組熟練之後，可以嘗試反轉再轉回來，這裡先示範晃動葉子反轉推鬱金香，轉回來再推一次鬱金香。

①開頭先晃動製造一些線條出來,但不要急著往後拉,停住把杯子反轉接著再用推鬱金香的技巧。②
推鬱金香的時候,推幾層都可以,但要留一些空間給待會轉回來的時候。③轉回來的時候也是靠推鬱
金香的技巧,最後收尾可以停在中間也可以拉到底,看自己想如何呈現。

天鵝

想要試試展翅天鵝嗎？翅膀加上愛心手法做出身體，再往上提做一個小愛心就可以形成天鵝頭部。

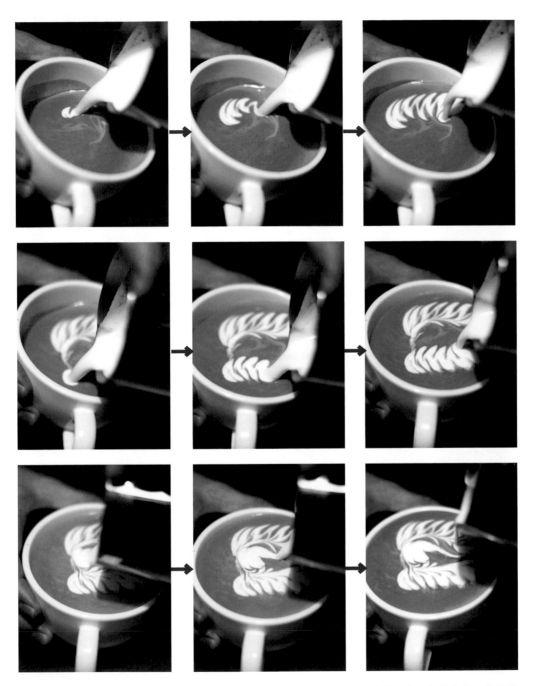

①還記得前文當中翅膀的應用嗎？請利用 **ROSETTA 2**的手法，當白色部分出現就往後拉。②接著在葉子邊緣收尾，並在對邊製作一樣的小葉片，收尾的時候要記得都在內側收尾。③最後在葉子尾段利用實心的技巧先做一個小圓，在圓的一邊往後拉起來，並且在尾段再製作一個小實心。

天鵝・湖

這是用晃動的洋蔥心，再加上鬱金香的技巧，所呈現的圖案。

①開始的時候利用洋蔥心的晃動技巧晃出一個愛心但不收尾。②接著下一步用鬱金香的推動技巧，推出一個實心的圓。③再來由圓的其中一邊往上拉，在適當的位置畫一個小圓，並往前收尾形成一個小愛心。

雪花

這個圖案是ROSETTA 2的延伸，將幾片單葉從中心點開始拉出。

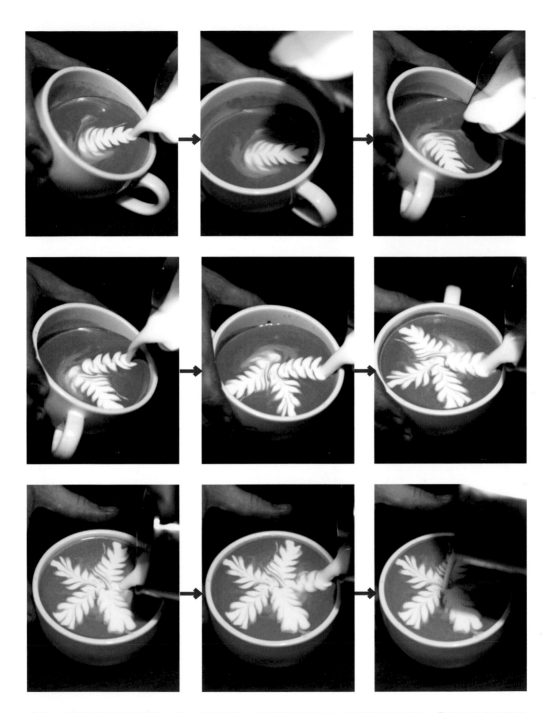

①第一片葉子盡量不要暈開，從中心點拉起，拉到邊緣就收尾，接著將杯子轉動。②在收尾的時候可以在中心點停留一下，將所有小片葉子在往中心集中。

WAVE鬱金香

用小片葉的小幅度晃動，在杯子的周圍繞出水波，接著在中心推出鬱金香。

①先在杯子的邊緣小幅度晃動，但不要往後拉，要稍微往前推讓白色的奶泡繞圈。②等繞到要包起來的時候，再往中間移動，並且先做一個實心的圓圈。③接著就依照基本鬱金香拉法推出圖案。

Chapter 5

比賽

BARISTA CHAMPIONSHIP

漫談咖啡大師比賽

咖啡大師比賽是表現吧檯管理的最好方式！

　　在吧檯裡如果只是擺上咖啡機和磨豆機，其實不會太複雜，因為要做的只是咖啡而已，但如果要將速率提升到在一定的時間內完成指定的飲品，那就會是一項挑戰，咖啡大師比賽正是如此！

咖啡大師比賽是針對義式咖啡在15分鐘內做出12杯飲品

其中包含有：

4 杯義式濃縮咖啡、

4 杯卡布奇諾、

以及 4 杯以濃縮咖啡為基底的招牌咖啡。

在這15分鐘內，除了完成這12杯飲料的製作，還要適時地解釋製作過程和選配方向，一般可能會認為每個人都是用一樣的機器，沖煮的結果應該不會差太多，但是其實製作過程卻會顯現出很大的不同，這也是比賽具有可看性的地方。既然是比賽那就一定會有規則的限制與得分的標準，在開始詳述規則之前，讓我們先了解一下評分規則，整場比賽一共會有7位評審：

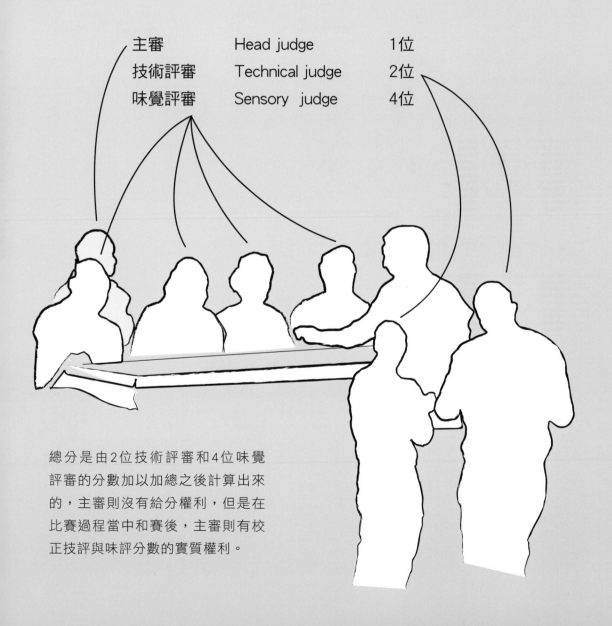

主審	Head judge	1位
技術評審	Technical judge	2位
味覺評審	Sensory judge	4位

總分是由2位技術評審和4位味覺評審的分數加以加總之後計算出來的，主審則沒有給分權利，但是在比賽過程當中和賽後，主審則有校正技評與味評分數的實質權利。

主審 Head judge

　　主審同時身兼技評與味評兩個角色,咖啡是一種飲料,本身主觀性就會比較強,所以讓主審跳開評分的機制,可以讓整體比賽更客觀地進行。

味評 Sensory judge

　　味評顧名思義是針對咖啡的味道來給分,會將人數增加到4位也是想要增加其評分的客觀度,這4位評審或許在味覺上各有不同,但是藉由相同的規則,自然可以拉近彼此之間的差距,但是味覺畢竟還是有喜好不同,藉由4位評審的差異,從中找出其差異點,當同一項分數差異大時,主審就會扮演仲裁的角色來做最後的評斷。

技評 Technical judge

　　技評的主要工作是檢視參賽的咖啡師的流暢度與吧檯管理能力。簡而言之,就是從開磨豆機、上把手到沖煮頭等步驟,是否都乾淨俐落且無多餘的動作。

　　介紹完評審之後,接下來就是評分表,咖啡大師比賽依照2011WBC的規定,總分為870分,其中加總了2位技評評審與4位味評評審的分數。右頁2張分別為技術評分表和味覺評分表,在開始比賽之前身為選手的基本課題,就是將這評分表的項目與給分方式牢牢地記住,這樣能讓選手自發性地想到下一個評分的項目,而產生對應的警覺性,這樣一來自然而然就會讓選手的整個流程更加完整而無遺漏。

接著讓我們來看看平常很難有機會看到的WBC世界咖啡大賽的評分表。

【主審評分表】

WBC

World Barista Championship: Head Judge Score Sheet

Country: _____ Competitor: _____ Head Judge: _____

Part I - Station Evaluation At Start-Up & At End

Comments:

Part II - Espresso Evaluation

Comments: Shot 1: _____ seconds Shot 2: _____ seconds

Taste Evaluation of Espresso 0 to 6
Taste balance (harmonious balance of sweet/acidic/bitter)
Tactile balance (full bodied, round, smooth)

Part III - Cappuccino Evaluation

Comments: Shot 1: _____ seconds Shot 2: _____ seconds

Taste Evaluation of Cappuccino 0 to 6
Taste balance (served at an acceptable temperature,
a harmonious balance of rich sweet milk/espresso)

Part IV - Signature Beverage Evaluation

Comments: Shot 1: _____ seconds Shot 2: _____ seconds

Evaluation of Signature Beverage 0 to 6
Taste balance (according to content, taste of espresso)

Yes   No
Ingredients verified (no alcohol was used)

Part V - Barista Evaluation & Total Impression

Comments:

Within timeframe of 15 minutes: **Yes** or **No**   If "No": Time Overdue: _____ seconds   Negative Points: _____
-60 Max.

Transferred totals from all six score sheets: Two Technical Scores + Four Sensory Scores (- Overtime) = Competitor's Total Score

T1 [ ] + T2 [ ]   + S1 [ ] + S2 [ ] + S3 [ ] + S4 [ ]   **Minus (-) Overtime** [ ]   **Total Score =** [ ]
-60 Max.   Out of 870

Note: The Head Judge's scores do not count towards the competitor's total score.

World Barista Championship : Technical Score Sheet

WBC

Country: | Competitor: | Technical Judge:

Part I - Station Evaluation At Start-Up

Comments:

Competition Area	0 to 6		
Clean working area at start-up/Clean cloths			
/6			**6**

Part II - Espresso Evaluation

Comments: Shot 1: _____ seconds   Shot 2: _____ seconds

Technical Skills	0 to 6	Yes	No
Flushes the group head			
Dry/clean filter basket before dosing			
Acceptable spill/waste when dosing/grinding			
Consistent dosing and tamping			
Cleans porta filters (before insert)			
Insert and immediate brew			
Extraction time (within 3 second variance)			
	/12	/5	**17**

Part III - Cappuccino Evaluation

Comments: Shot 1: _____ seconds   Shot 2: _____ seconds

Technical Skills	0 to 6	Yes	No
Flushes the group head			
Dry/clean filter basket before dosing			
Acceptable spill/waste when dosing/grinding			
Consistent dosing and tamping			
Cleans porta filters (before insert)			
Insert and immediate brew			
Extraction time (within 3 second variance)			

Milk		Yes	No
Empty/clean pitcher at start			
Purges the steam wand before steaming			
Cleans steam wand after steaming			
Purges the steam wand after steaming			
Clean pitcher/Acceptable milk waste at end			
	/12	/10	**22**

Part IV - Signature Beverage Evaluation

Comments: Shot 1: _____ seconds   Shot 2: _____ seconds

Technical Skills	0 to 6	Yes	No
Flushes the group head			
Dry/clean filter basket before dosing			
Acceptable spill/waste when dosing/grinding			
Consistent dosing and tamping			
Cleans porta filters (before insert)			
Insert and immediate brew			
Extraction time (within 3 second variance)			
	/12	/5	**17**

Part V - Technical Evaluation

Comments:

Technical Skills	0 to 6	Yes	No
Station Management			
Clean porta filter spouts/			
Avoided placing spouts in doser chamber			
	/6	/1	**7**

Part VI - Station Evaluation At End

Comments:

Competition Area	0 to 6	Yes	No
Clean working area at end			
General hygiene throughout presentation			
Proper usage of cloths			
	/6	/2	**8**

Technical Score
(Total of this score sheet)

Out of 77

Evaluation Scale:

Yes = 1   No = 0

Unacceptable = 0   Acceptable = 1   Average = 2   Good = 3   Very Good = 4   Excellent = 5   Extraordinary = 6

【味覺評分表】

World Barista Championship: Sensory Score Sheet

WBC

Country: [   ]   Competitor: [   ]   Sensory Judge: [   ]

Part I - Espresso Evaluation

Comments:

Taste Evaluation of Espresso   0 to 6
Color of crema (hazelnut, dark brown, reddish reflection)
Consistency and persistence of crema   [ ]
                                                         /12

Taste balance (harmonious balance of sweet/acidic/bitter)   0 to 6
Tactile balance (full bodied, round, smooth)   [ ] x 4 =
                                                       [ ] x 4 =
                                                              /48

Beverage Presentation   Yes No
Correct espresso cups used (60-90 mL with a handle)
Served with accessories (spoon, napkin and water)   [|]
                                                        /2   **62**

Part II - Cappuccino Evaluation

Comments:

Taste Evaluation of Cappuccino   0 to 6
Visually correct cappuccino (traditional or latte art)
Consistency and persistence of foam   [ ]
                                                        /12

Taste balance (served at an acceptable temperature,   0 to 6
a harmonious balance of rich sweet milk/espresso)   [ ] x 4 =
                                                              /24

Beverage Presentation   Yes No
Correct cappuccino cups used (150-180 mL with a handle)
Served with accessories (spoon, napkin and water)   [|]
                                                        /2   **38**

Part III - Signature Beverage Evaluation

Comments:

Evaluation of Signature Beverage   0 to 6
Well explained introduced and prepared
Look and Functionality   [ ]
Creativity and synergy with coffee
                                                        /18

Taste balance (according to content, taste of espresso)   0 to 6
                                                       [ ] x 4 =
                                                              /24

                                                              42

Part IV - Barista Evaluation

Comments:

Customer Service Skills   0 to 6   Yes No
Presentation: Professionalism
Attention to details/All accessories available   [|]
Appropriate apparel
                                                 /12   /1   **13**

Part V - Judge's Total Impression

Judge's Total Impression   0 to 6
Total impression   [ ] x 4 =
(overall view of barista's presence, correlation to taste scoring, and presentation)   /24

                                                              24

Sensory Score   [   ]
(Total of this score sheet)
                                                       Out of 179

Evaluation Scale:

Yes = 1   No = 0

Unacceptable = 0   Acceptable = 1   Average = 2   Good = 3   Very Good = 4   Excellent = 5   Extraordinary = 6

在看過評分表後，我們會發現最下方有一個分數的對照表，因為咖啡比賽中有一部分是透過味覺來評斷的，所以會因每個人的主觀性而有感受的差異，因此比起制式比賽中以1分、2分來評斷計分，咖啡大師比賽則會以更精準的文字敘述來做為評分的方式。

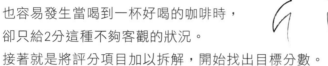

Unacceptable = 0	Acceptable = 1	Average = 2	Good = 3	Very Good = 4	Excellent = 5	Extraordinary = 6
不可接受	可接受	普通	好喝	很好喝	優秀	極優秀

用文字敘述的好處是因為文字是我們對食物最直接的反應描述，
所以大腦直覺是好喝時，
就應該給到好喝的分數。
單純用數字給分的主觀性較強，
也容易發生當喝到一杯好喝的咖啡時，
卻只給2分這種不夠客觀的狀況。
接著就是將評分項目加以拆解，開始找出目標分數。

以下是目標分數拆解：

Espresso Taste/Tactile Balance	192	22%
Cappuccino Taste Balance	96	10%
Signature Drink Taste Balanc	96	10%
Overall Impression	96	10%
Yes/No	60	8%
Consistent Dosing & Tamping	36	4%
Acceptable Spill/Waste	36	4%
Clean work area	24	2.5%
Color of Crema	24	2.5%
Consistency/Persistence Crema	24	2.5%
Capp Visual Appearance	24	2.5%
Capp Consist/Persist Foam	24	2.5%
Well Explained/Presented Sig	24	2.5%
Appealing Look	24	2.5%
Creative Sig Drink	24	2.5%
Professional/Dedicated/Passion	24	2.5%
Attention 2 detail	24	2.5%
Station Management	12	1%

從以上列表可以發現，得分重點都是在味覺上，有將近400分左右的分數在左右著進入複賽的絕對關鍵，因此比賽初期的重點就是要將7成的味覺分數牢牢抓住。

以獲取高分為目標的義式濃縮練習

比賽練習時間的規劃是3個月，每個月都有一個主題，而第1個月就是要將味覺分數穩穩抓在手上，味覺的部分有義式濃縮/卡布奇諾/招牌咖啡，而配分比例最重的就是義式濃縮所占的比例。

濃縮 1
濃縮沖煮技術的基本練習

每次練習以10個shot的濃縮為一單位，也就是會煮出20杯的濃縮咖啡。

────── 以每一杯都煮出一樣的量為目標，並且要對應到時間 ──────

假設第一個shot的時間是25秒2oz，接下來9個shot都必須控制在3秒內的誤差，而量也必須是5cc以內的誤差。

所以在20杯的濃縮咖啡裡，只要有一杯濃縮的時間是低於24秒或超過26秒都是不合格，同樣的要是任何一杯的量超過55cc或低於45cc也都不合格。

前頁所述是針對比賽所規劃的第一個月基本練習，因為咖啡機可以提供穩定的水量與水壓，所以不合格的因素都是來自於不穩定的填壓與填粉，只要填壓與填粉不穩定，自然就會影響到萃取時間和量，此外也會影響到味覺判斷的穩定度，不穩定的沖煮所產生的味道，會無法將真正配方的風味完全萃出。

基礎練習小技巧

初期在練習填粉時，可以在填粉結束後、填壓之前，將填好粉的把手做秤重量的動作，以確定每一次的粉量，這時也請注意粉量必須在＋0.5g的範圍之內。

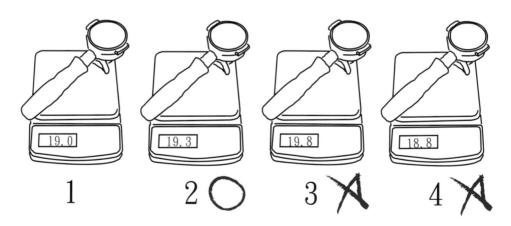

假設第一次的粉量是19g，那麼接下來的粉量就不可以低於19g也不可以超過19.5g。

練習初期可以每一次都利用電子秤來確認粉量的多寡，但是為了不要太倚賴電子秤，建議前5次的填粉可以使用電子秤，接下來5次就必須利用前5次的經驗累積，讓粉量落在＋0.5g的範圍內。此技巧請參閱「基礎義式萃取」。

接下來就是連續萃取10shots且都在允許範圍內——

× 10

允許範圍：
每一個shot都在3秒誤差內的時間
每一杯的濃縮量都在2cc內
每一次的殘粉都在1g內
填壓穩定

當穩定後，開始進入調整練習

　　濃縮的味覺與觸覺是分開評分的，在喝之前有一個重要的動作，就是將小湯匙放入濃縮咖啡中，往前往後各攪動2次，這是為了讓上層濃縮油脂可以充分混合，以求喝起來不會產生差異。

　　攪拌完後至少也要喝2口，來確認味道。

　　味覺要注意酸、甜、苦的平衡，所謂平衡是酸、甜、苦3種味道在舌面上的變化，如果將整個舌面分成前、中、後三等分，酸、甜、苦等3種味道就必須同時出現在舌尖／舌中／舌根，這才是所謂酸、甜、苦平衡，其中一個味道太過突出都算是不平衡。

接下來則要在穩定的濃縮咖啡裡，找出至少3個味覺的敘述，以及1個對濃縮咖啡口感的敘述。

濃縮風味敘述之一 ＿＿＿＿＿＿＿＿＿＿＿＿＿＿＿＿＿＿＿＿＿＿＿＿＿＿＿

濃縮風味敘述之二 ＿＿＿＿＿＿＿＿＿＿＿＿＿＿＿＿＿＿＿＿＿＿＿＿＿＿＿

濃縮風味敘述之三 ＿＿＿＿＿＿＿＿＿＿＿＿＿＿＿＿＿＿＿＿＿＿＿＿＿＿＿

口感風味敘述 ＿＿＿＿＿＿＿＿＿＿＿＿＿＿＿＿＿＿＿＿＿＿＿＿＿＿＿＿＿

等到沖煮技巧穩定，對配方充分了解之後，
讓我們來看評審評比義式濃縮時的第一眼在看什麼？

●濃縮咖啡的容量至少要有30ml〈±5ml〉

●咖啡液要有三種顏色：黑褐色、赭紅色、榛果色

在評比顏色的時候，選手可以說明並講解自己最佳濃縮的顏色，評審則會從選手講解的內容再加以對照，如果選手對顏色敘述不多，將會以比賽的規則去判斷。

下圖是一杯表面顏色評分在4.5的範例。

它在顏色上，一眼就可以看出同時具備了3種標準顏色，因此基本分數就會是從good開始評起，而評審接著就是看顏色在杯子裡的分布比例，分布越均勻相對地分數就會越高。

右頁內容將以更多照片範例，讓各位能更加了解顏色分布的差異與評分。

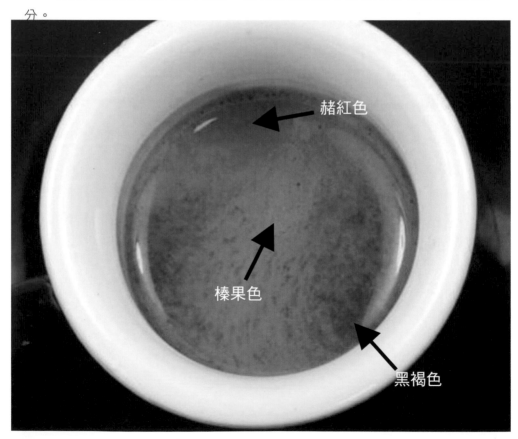

赭紅色

榛果色

黑褐色

【以不同的顏色分布狀況，來了解其所對應的分數】

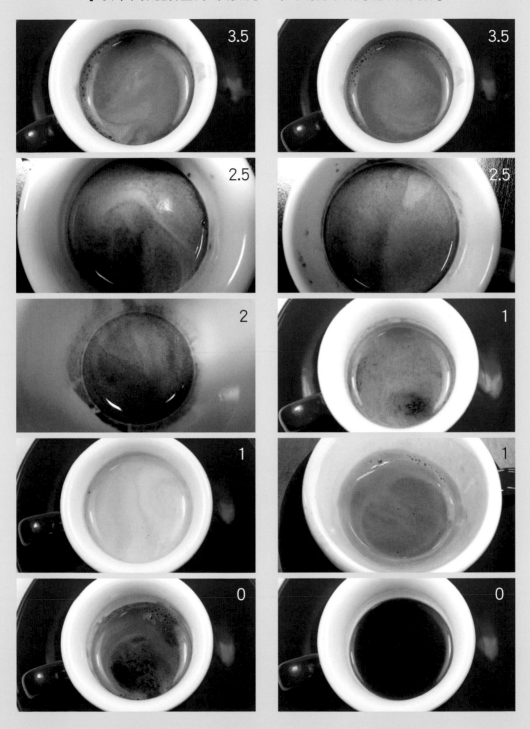

卡布奇諾的練習

2 卡布奇諾

圖案的評分項有：
①圖案對稱
②顏色對比
③咖啡圈的品質
④表面是否光滑

　　卡布奇諾因為加了牛奶，所以在表面的部分需要拉花，也就是在表面製作圖案。圖案的複雜度並非評分重點，因此拉複雜的圖形並不是個好的策略，圖案越簡單越容易拿高分。

圖案對稱　　　　　圖案不對稱

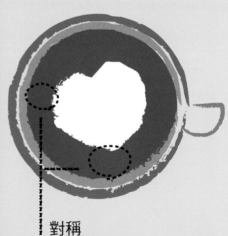

對稱
對稱的圖形基本上是看圖案和杯子邊緣的距離是否上下左右都一致。

顏色

••••• 對比好

••••• 對比差

光亮

••••• 表面光滑有亮面

••••• 表面不光滑無亮面

奶泡的品質評分項目

卡布奇諾的奶泡在推開後，至少要有1cm的厚度，被湯匙推起的奶泡需要有基本的流動性，太厚或太過水狀都是不佳，再者，奶泡也不可以有粗泡產生。

【照片示範】

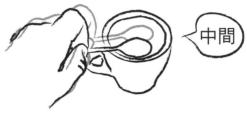

中間

① 推奶泡的方式

推奶泡時要注意從杯緣往前劃去，但不能推到底，只能推到中間。

② 何謂1cm的奶泡

在推開的時候，不能看到有咖啡的部分。

奶泡的流動性

　　奶泡的流動性可以從撥開時，被撥空的地方奶泡恢復的程度，和撥起來的奶泡是否有立起來並且恢復，來判斷流動性的優劣。

較好的流動性

　　觀察下圖會發現奶泡在撥開的時候，上層奶泡會往撥空的地方恢復，而在往上拉起時，奶泡有一定的彈性，並且馬上就會恢復。

較差的流動性

　　較差的流動性就像下圖，我們會發現在撥開的過程中，奶泡往撥空的地方恢復得很少，在往上拉之後，奶泡就硬化了。

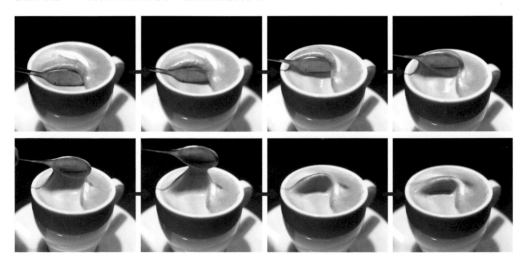

咖啡大師比賽的最後一項就是招牌咖啡（Signature beverage），這個是針對濃縮咖啡配方做出一杯專屬咖啡師個人創意的咖啡，招牌咖啡的材料沒有限定，只要搭配的食材是非酒精類的食材，都可以使用在招牌咖啡當中做為材料。

③ 招牌咖啡

　　招牌咖啡的重點不在於要多麼地創新。而是著重在結合的部分，因此在構思招牌咖啡時請仔細思考以下問題。

[完整地解釋、介紹，準備外觀與功能性]

　　如何用創新的手法重新闡述同一杯咖啡，運用外加的物料與咖啡緊密地結合，咖啡師是否正確地引導評審品嚐他製作的招牌咖啡，在Signature的製作過程中，選手要先對自己製作的咖啡瞭若指掌，最好能夠從咖啡豆的生長環境、種植方式到後續處理等事項，都鉅細靡遺地通盤了解。

　　咖啡在沖煮階段之前都需要經過烘焙的過程，而咖啡豆在烘焙後所剩餘水分的多寡，則會影響到咖啡風味的走向，利用深焙或淺焙所能帶出的咖啡風味，也會大大地產生差異，如果選手所選擇的咖啡豆是淺焙的，那麼它所擁有的果酸就會比深焙的咖啡豆明顯，為了讓其淺焙的特性可以讓評審品嚐到，選手就可以利用相關的素材來做加強，這也是選手Signature最基本的出發點。

慎選配合的器具

太大的杯子容易讓咖啡的風味下降，進而讓人無法聯想咖啡與其他素材的結合，下圖就是美國某區的一個Signature範例。

其原本用意是想用氣泡將濃縮咖啡的香氣釋放得更極致，而濃縮咖啡與氣泡結合時，會改變濃縮咖啡原有的口感，藉此讓濃縮咖啡展現出完全不同的面向，但是我們可以看到他所使用的器具中，過大的杯子讓人不知如何開始喝，不成比例的濃縮咖啡與氣泡水，也將濃縮咖啡原有的味道破壞殆盡，這麼一來想要得高分就困難了。

選對杯子

如果以同樣的想法為出發點，但是在器具上稍微改變，選用高腳杯的話，就可以獲得完全不同的效果，因此當製作Signature時，要記得先將咖啡豆的資訊事先備齊，資訊越充足在製作過程中就越不容易被限制住，也可以藉此激發出最好的組合。

15分鐘是多久？
作者的經驗分享……

　　我第一次看到咖啡大師比賽是在美國工作的時候，那時因為需要咖啡，所以找到了Cuvee coffee roasting，當時的我對於比賽並沒有什麼概念，至於比賽內容也不是很清楚，只是後來在與Cuvee coffee越來越熟稔之後的偶然機會下，在區賽中擔任了選手的助手，這也帶領我進入另一個不同的咖啡世界。

　　賽前，在後台的等待時間裡，我看到每位選手都在角落來回走動著，並且在口中練習著相同的台詞，隨著台詞的內容，他們舞動著手部動作，這時一旁的我不免好奇地回頭看了看自家的選手，是的，他也在做著同樣的練習動作。

　　當時的我心裡想著：不過就是在15分鐘內煮完12杯咖啡有這麼難嗎？而且都只是一些基本動作，有需要那麼緊張嗎？所有東西不都準備好了，上台後只要將每天開店前要做的事重複一遍，真的會讓呼吸急促成那樣啊……這些疑問當我在隔年站上舞台後，瞬時就明瞭了。

　　在15分鐘內完成12杯咖啡的製作並不困難，當然，要一邊沖煮咖啡一邊進行解說，對我而言，也是件游刃有餘的事，而把杯子擦乾淨也只是隨手就可以完成的事，只是有趣的是，當我一站上舞台後，視力竟然迅速退化，聽力也無端受損，唯一聽見的就只剩自己的心跳聲，在那一剎那五感全失，有將近30秒的時間我腦筋一片空白，等回過神之後，我發現自己只說了：「Hello Judges, my name is Cuvee coffee roasting」。

　　15分鐘的比賽是在訓練比賽者的專注力，而在這15分鐘裡，選手所要完成的3件事分別為：

　　①說服評審相信選手的生命是與咖啡一起成長

　　②說服評審相信不喝選手的咖啡會死

　　③確定評審有在聽選手講話

　　而這3件事還要圍繞著比賽規則進行，因此由選手本身所說明出來的資料可以包羅萬象，聽起來或許會讓人覺得很龐雜，但實際上都是圍繞著咖啡主題進行的，而選手則要將這些資料有條理地在15分鐘內，配合每一組飲料呈現在評審面前。

　　第一次比賽，讓我對咖啡的世界有了全新的見解，也了解到它是如何在世界三大飲品之中站穩腳步，雖然我當時的成績不甚理想，但這次的經驗也讓我興起了有朝一日要擔當評審的念頭，因為我想知道如何訓練自己，如何藉由別人的角度來看待選手訓練，而且我也想了解如何將味覺數字化，這些都不是單單只以選手的角度所能學習到的。

Chapter 6

手沖

POUR OVER

手沖的英文是 **pour over**

意思就是倒水

藉由倒水的衝力讓咖啡顆粒做適當的翻滾而釋放出咖啡物質

也就是煮一杯咖啡

手沖是最為廣泛運用在沖煮咖啡的方式之一，它只需要簡單的器具就可以開始沖煮咖啡。而方式上也有所謂的hand drip（濾泡）與pour over（沖煮），雖然方式上會有些許的不同，但是沖煮的過程還是都要將熱水倒在濾杯裡，因此讓熱水均勻地沾附在咖啡顆粒上，便是製作一杯好的手沖咖啡的不二法門。在講述手沖沖煮原理之前，讓我們先介紹一下會使用到的器具與選用的要點。

手沖所使用的工具

01 ……… 濾杯

之前提到的法國壓會有一個小缺點就是細粉濾得不夠乾淨，往往殘留在杯中而造成不好的口感，而且金屬濾網如果沒有清理乾淨的話，往往會殘留氣味而影響到咖啡的風味，有鑑於清潔這件麻煩事，很久以前有一位叫Ms. Melita的女士，突發奇想地用濾紙類的物品來做過濾的動作，因而就衍生出手沖咖啡的方式，而濾杯就是這項咖啡沖煮方法最重要工具之一。

DRIPPER

濾杯 濾杯是手沖咖啡裡最基本的工具，一般外型分成圓錐與三角，三角型濾杯則最早被廣泛使用在手沖之類型，在本篇手沖的原理介紹，將以三角濾杯為主要解說。

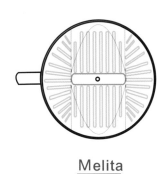

Melita

孔數

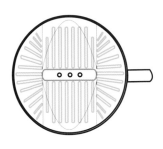

Kalita

目前市面上可以找到的濾杯品牌，大致有已被廣泛使用的Melita濾杯和來自日本的Kalita濾杯，這2種最大差異就是底部孔數的不同。

三個孔的Kalita濾杯

最早Melita的底部只有一孔的設計，其缺點就是在咖啡過濾時，常會造成孔洞被細粉塞住，使得咖啡泡在水裡太久，而讓咖啡變得苦澀，因此針對這種濾杯會採取一直加水的沖煮方式，目的就是希望咖啡顆粒可以一直浮在水面，但是相對衍生的困擾就是咖啡顆粒長期浸泡在水中，會影響二氧化碳的排放而降低了萃取率，所以之後才會衍生出三個孔的Kalita濾杯。

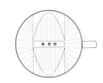

肋骨

除了孔數之外，還可以發現濾杯裡有一條條突起的設計，
我們稱之為濾杯的肋骨，設置這些肋骨的主要目的，
是為了避免濾紙會貼在濾杯上，
而讓倒入的熱水因為纖維效應，
而直接沿著濾杯壁流經濾孔跑到下壺，
這麼一來就無法讓熱水浸濕咖啡粉萃取出咖啡液，
最後會導致萃取率降低，
味道也就會變薄且淡。

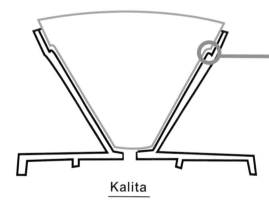

Kalita

Kono

滴漏式的沖法原本是
取代麻煩的法蘭絨

但是濾紙是易破的材質
所以需要濾杯來撐住
以防在注水時粉層倒塌
而濾紙本身就會滲透
如果完全貼在濾杯上
水就會直接透過杯壁流過濾孔
而降低萃取效能
因此濾杯上便有了肋骨的設計

可以幫助濾紙與濾杯壁拉開距離
延長咖啡顆粒浸在水裡的時間

咖啡顆粒經過熱水浸泡後，會排出二氧化碳，在表面就會看到很多氣泡產生，而內部的顆粒則因為吸到熱水而會膨脹，除了透過往表面排出的路徑之外，濾紙周圍也是排氣的路徑之一，但要是濾紙緊貼著濾杯邊緣，熱氣就無法順利排出，這麼一來底部悶住的咖啡顆粒就會受到影響，導致之後注入的補水無法被咖啡所吸收，而使得萃取量降低。

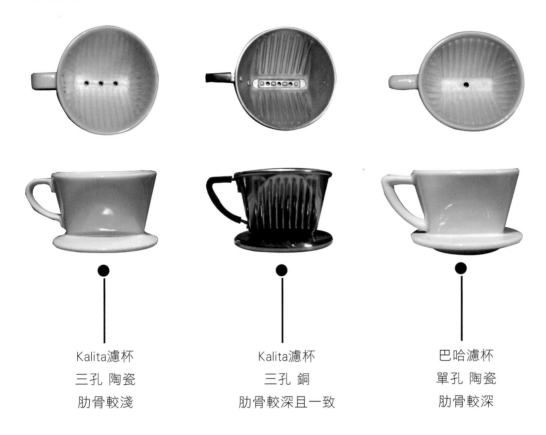

Kalita濾杯
三孔 陶瓷
肋骨較淺

Kalita濾杯
三孔 銅
肋骨較深且一致

巴哈濾杯
單孔 陶瓷
肋骨較深

　　不過濾杯的肋骨並不是深就好，因為其目的是為了讓熱氣有排出的空間，所以排列整齊、深度均一的濾杯才是首選。

　　一般市面上有陶瓷與塑膠製的濾杯，選擇上還是以肋骨的品質為重點，陶瓷在保溫上是非常好的選擇，但是因為陶土成型不易，往往會使得肋骨深淺不一，所以塑膠製的濾杯反而比較經濟實惠。目前市面上則多了銅製的濾杯，銅的材質保溫性比陶瓷好很多，而在成型上也比塑膠穩定，唯一的缺點就是價格太高，因此如果預算允許，銅製的濾杯將會是最好的選擇。

了解了濾杯的功能後，下一個重要的工具就是手沖壺

O2 ········ 手沖壺

① 底部寬廣的設計。
② 穩定的供水，不可以忽大忽小甚至間斷。
③ 水柱的壓力要夠大，但不可靠大水柱來達成。

KETTLES

　　從圖面上來看，我們要把水均勻地澆淋在咖啡表面，而且不管是上層、中層或下層的咖啡粉，都要用熱水來做萃取的動作，水流如果不夠集中，水會容易停留在上方，而造成單一塊粉層萃取過久。

　　因此要是只是一味地將熱水倒到濾杯裡，這動作就只能稱之為浸泡咖啡，而不是沖煮咖啡，層疊在濾杯裡的咖啡粉，都是需要熱水來加速萃取釋放，如果可以在短時間內，將所有咖啡顆粒泡在水裡，不但可以均勻萃取出咖啡液，也能避免顆粒過度浸泡在水裡，而產生苦澀味！

　　這個時候手沖壺就是一大重點，它必須具備有以下幾個條件

條件❶ 底部寬廣的設計

底部寬廣的設計有助於水壓的控制，尤其在水量減少的時候，寬廣的底部所提供的面積可以大大穩住水壓。

條件❷ 穩定的供水，不可以忽大忽小甚至間斷

手沖咖啡顧名思義就是利用水柱的衝力來達到萃取的效果，穩定不間斷的水柱可以讓咖啡顆粒均勻地翻滾，而不會因為水柱間斷而讓顆粒沉澱到底部。

條件❸ 水柱的壓力要夠大，但不可靠大水柱來達成

水壓是可以幫助濾紙裡的顆粒翻滾沒錯，但構成水壓的條件是水的衝力，並不是以大水柱來給予衝力，因為大水柱反而會造成水量容易過多，而讓咖啡顆粒排氣遭到阻擋，當水柱變大時，可以拉高高度讓水柱變細，這麼一來就可以慢慢翻滾咖啡，也不怕水量一下子變多。

Kalita 手沖壺

月兔印

大嘴鳥

這是常見的手沖壺設計，壺身是以下面較寬延伸至頂端慢慢縮小，這樣的設計是讓重量集中在底部，這樣可以在繞圈時，使壺內的水不易晃動，集中在底部的水量，也可以增加水壓，透過細細的壺嘴，讓倒出的水柱能具有一定的壓力來沖煮咖啡，更重要的是這樣可以讓水量穩定不易間斷。

壺身並沒有太大的差別，但是在壺嘴的設計上就會變成由粗到細的設計，連接壺身的地方較粗，可以接續壺身所產生的水壓，就像是當我們大力擠壓塑膠袋所產生空氣一樣，這種設計可以讓壺身做兩段式的加壓，這麼一來在倒水時就不需要大水柱也能有足夠的水壓沖入粉層內。

手沖壺是將壺嘴的部分拉寬，而在尾端嘴巴的部分拉到像鳥嘴一樣，這樣可以讓水壓加大，光是細細的水柱就可以產生足夠的衝力，讓咖啡顆粒可以做到萃取的需求，但也因為嘴身很大，而使得這種手沖壺不適合做搖晃壺身的動作；讓其穩定的提供小水柱是最初設計的重點。

濾紙

　　手沖用的濾紙一般分為漂白與非漂白，就是一般在市面上常見的白色與褐色的款式，形狀則針對濾杯分為錐形與梯形2種形狀。

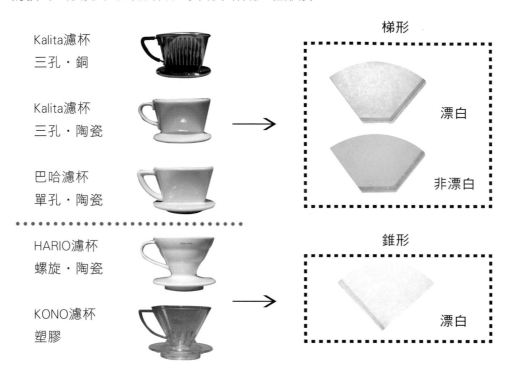

Kalita濾杯
三孔・銅

Kalita濾杯
三孔・陶瓷

巴哈濾杯
單孔・陶瓷

HARIO濾杯
螺旋・陶瓷

KONO濾杯
塑膠

梯形
漂白
非漂白

錐形
漂白

　　濾紙常見的問題，就是在沖煮之前是否要用熱水浸泡過一次，其重點在於濾紙待在空氣中的時間長短，要是暴露在空氣中越長，它吸到的水氣會越多，紙漿的味道也就會比較明顯，這也是為什麼我們常看到有人會先將濾紙浸到熱水裡，等熱水瀝乾後才開始做沖煮。如果我們所使用的濾紙替換率很高，也就不一定要先泡熱水了。

折紙

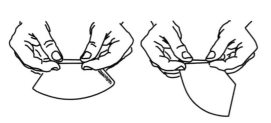

　　濾紙在使用前需要沿著封口邊做對折的動作，目的是要讓濾紙可以貼合濾杯的內部形狀，這樣在沖煮過程中，才不會因為濾紙變形，而影響到給水的均衡度。

原理概述

介紹完器具後，讓我們一同來了解原理。

　　每一種沖煮咖啡的方式，其重點一直都是在於讓咖啡粉平均釋放出精華，而就手沖咖啡而言，就是要讓在濾杯裡的咖啡粉，可以均勻地浸泡到熱水，而在同一時間裡，還必須要顧慮到底層咖啡粉不能

咖啡粉
過濾層

有堵塞的情況產生，而最佳的狀態就如右圖，所有的咖啡粉都需在最上層，當所有的咖啡顆粒都浮在上方時，底部就會產生一個過濾層。

　　相信大家一定都有沖泡奶粉的經驗，粉狀的東西如果是一股腦兒都丟進熱水裡，一定很容易就會結成一塊，而為了避免這種狀況產生，我們會先用少量熱水，或者攪拌的方式讓其可以均勻地與熱水結合，當然咖啡粉在濾杯也會遇到相同的狀況，因此手沖的基本要件，就是如何讓熱水在最早的時間沖到底部，讓所有咖啡粉都浮在表面。

　　當咖啡粉都浮在水面時，濾杯底部會形成一個過濾層，這個過濾層的高度需要配合咖啡顆粒排氣的狀況來慢慢增加，過多水量會讓顆粒變重而沉到底部，使得咖啡顆粒無法釋放，也就無法萃取，所以在每一次加水時，都必須依顆粒排氣的狀況適當地加入熱水。

手沖練習歸納出以下2個重點：

　　如何讓熱水在最快的時間達到咖啡粉層底部。
　　加熱水的時間點判斷。

手沖壺的
基本練習

從第一點

〔 如何讓熱水在最快的時間達到咖啡粉層底部 〕

　　我們先練習倒水的重點，要讓熱水可以沖到底部，水柱是一大重點，因此才會有手沖壺的產生，使用手沖壺時可以先練習以下的倒水練習。

　　手沖咖啡重點不在於「沖」，而是手沖壺的水柱對於咖啡的對應關係，重點在於水柱的品質才是咖啡萃取的關鍵，手沖咖啡的水柱應該是細長而平穩的，這麼一來水柱才可以在顆粒表面均勻給水，而水柱的品質好壞則取決於握手沖壺的手勢。

握法

　　將四指握住把手，以扣住不滑落為原則，接著將姆指輕壓在把手上，按壓位置應接近食指位置，接近壺身反而影響手腕的活動範圍，手腕滑動一旦受限，就很容易造成水柱的間斷。

使用手腕部分來控制倒水，將水倒出時，將手腕慢慢往前、往下，隨著手沖壺的重量往下放，讓水倒出來。

控制水柱

如果要以小水柱為主,請將握的地方接近把手上方。

如果要將水柱控制範圍加大,可以握下面一點。

水柱品質

水柱過小

水柱適當

水柱過小、過大

水柱過小或過大都會讓顆粒在接觸熱水時,會有分布不均勻的狀況產生,過大容易沖散咖啡粉,過小水容易沉積在表面。

水柱適當

水柱壓力最大的角度是水柱與壺嘴成90度,這樣可以讓水壓到最大。

注水練習

平移畫圈

　　當水柱達到與壺嘴90度時，請維持手腕的角度，開始做平移畫圓的動作，保持一樣的水量，直到倒入壺中水量低於一半為止。這個練習有助於提供穩定的水壓，對於顆粒的翻滾也很穩定。

圓湯匙練習

　　進階的倒水練習，可以拿一支湯匙架在咖啡壺上方，先將水柱倒在湯匙中間，控制高度讓湯匙中間無氣泡產生，一直倒到水只剩一半為止。這個練習是為了讓自己可以控制高度，隨著水量下降，要調整高度避免水柱沖擊大而產生泡泡。

繞湯匙

　　當圓湯匙練習熟練後，請將水柱開始圍繞著湯匙邊緣，練習穩定度。

沖水是有利顆粒在浸泡過程中增加翻滾來提高萃取率，顆粒在水中久了，顆粒都會變重，如果水的衝力不增加，顆粒滾動不夠，萃取就會不完整且口感層次也會不好。

開始沖煮

水溫

水溫要適當

一開始建議用90℃的熱水

溫度偏低可以延緩咖啡釋放的時間，但是延緩釋放也意味著萃取變慢，對於泡在水裡的咖啡，就會容易產生澀味。

悶蒸

01 悶蒸要適當

悶蒸的主要意義在讓乾枯的顆粒可以適當地展開，接著則用水柱讓顆粒翻滾來做萃取，而且研磨出來的咖啡顆粒本來就大小不一，要是悶蒸有問題的話，就會直接影響到接下來的萃取，而好的悶蒸需要包含幾個條件：

給水要均勻

給水要均勻是指濾紙內的咖啡顆粒都要均勻地吃到熱水，但是如果仔細看，我們會發現最厚的粉層都是在中間地帶。

因此熱水如果只是在表面，那麼下層的顆粒將不會吃到足夠的水分，而緊接著的補水，也會只是一直在沖刷表層咖啡顆粒而已，而當熱水到達底層時，表層顆粒恐怕已經過萃了。

開始悶蒸時，只要將熱水集中在中心大約5元硬幣大小即可。

要放水不要沖水

　　手沖壺是以提供足夠的壓力做為設計概念，利用水壓來讓咖啡顆粒可以充分翻滾，但是要讓咖啡顆粒在濾杯裡翻滾，前提還是要讓顆粒都能吃水均勻。手沖咖啡在萃取結束前，咖啡顆粒會一直浸泡在水中，其重量要一樣，才能在水中均勻翻滾，要讓顆粒可以重量相同，在悶蒸時就要避免「沖」到咖啡，而是將水一層一層地鋪在粉層上。

[沖水]　　　　　[放水]

　　「放水」的方式是將水柱的距離拉短，距離越高水柱會因為重力而只集中在某一些區域甚至某幾個咖啡顆粒上，如此一來咖啡顆粒就容易吃水不均。

 悶蒸的水量

　　悶蒸的水量還是以粉量：水＝1：1為原則，過多水量在悶蒸時會讓顆粒吸太多水，而造成咖啡釋放過快，導致萃取過快，所以在1：1的原則之下，可以先練習把悶蒸水量放少，並將悶蒸的範圍先固定在五元硬幣大小，完成後只要等著膨脹的過程結束即可。

　　咖啡在烘焙過後，整顆咖啡豆在經過烘乾過程時，會將內部水分均勻萃取出來，因此咖啡豆原本的儲水空間，會因為水分蒸發而被壓縮，在悶蒸時，因為熱水被咖啡顆粒吸收，所以原本乾枯的空間就會因為熱水而慢慢膨脹到原本的大小。

〇3 悶蒸的時間

烘焙過後的咖啡，遇熱水後會膨脹，膨脹的表現是因為遇熱水後所產生的二氧化碳讓咖啡顆粒脹大，所以當膨脹停止時，就表示氣體釋放完成，同時也意味著悶蒸完成。

悶蒸時間過長

等到膨脹完全靜止後，就代表著咖啡顆粒空間活動停止，靜止的空間對於接下來注入的熱水，則無法馬上反應，停滯的空間泡在水裡無法吸水也無法釋放，萃取率會下降很多，這樣除了味道單薄外，也容易帶苦味。

膨脹未完成而開始注水

會讓正在排氣的顆粒受到水柱的壓抑，而讓接下來的熱水無法進入咖啡顆粒裡，所以在沖水時，水會停留在顆粒表面而無法做深層萃取，導致咖啡顆粒表面重複萃取過久而變得苦澀。

萃取 〇1 悶蒸完成後的第一次沖水

悶蒸時將範圍限制在五元硬幣大小，主要是因為中間的粉層是最厚的，所以要確保顆粒可以均勻吃到熱水，而接下來的水量也不可以偏多，因為這時候更要將加水的區域維持在原本的悶蒸範圍，同樣地將水柱從中間注入，慢慢地往外繞，這段期間可以看到一堆泡泡冒出，這是顆粒排氣的證明，熱水加到泡泡蔓延出來後就可以停止。

〔 悶蒸 〕

〔 悶蒸後第一次加水 〕

旺盛的泡泡代表著咖啡顆粒恢復空間的證明，所以冒泡越旺盛，空間也會恢復得越好，完整的空間恢復也代表著熱水將浸入顆粒內部更多，萃取率相對地也會提高。停止第一次加水後，接下來第二次加水的時間，就必須等到泡泡停止冒出，才可以再開始加，一方面是為了讓排氣順暢，另一方面要是提早加水的話，反而會讓排氣因水壓而堵塞住。

02 接下來的加水

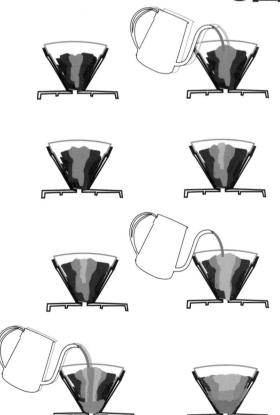

第三次加水時，就要注意水位下降的狀況，也就是排氣的完整度，從悶蒸到第二次加水，我們一直都在控制適當的水量，讓水不要過多導致咖啡顆粒還沒排氣就浸泡在水中，因此在確認濾紙內的顆粒都均勻吃水之前，水量都不宜過多。

第三次補水的的範圍還是從中間開始，然後再以順時針慢慢往外繞圓澆淋，在繞圈過程中請勿急躁，將熱水確實地注入粉層才是重點。

之後的注水方式都是一樣，一直到氣泡占滿表面，那就表示大部分的顆粒都已經充分吃水，接下來就是要加大水量開始做稀釋的動作。

❂❸ 咖啡豆的排氣與沖煮

在悶蒸與第一次注水的過程中，應該會發現顆粒有發出綿密的泡泡且時大時小，相當不按規則，這些氣泡其實就是代表著咖啡在做呼吸，也就是釋放的動作。

氣泡

咖啡是將原本含水的生豆經由烘焙，慢慢地一點一滴將水分均勻抽出，水分被抽出後，原本的空間自然會被壓縮接著到裂開，熱度會經由裂開的地方再抽取水分，最後則以焙度深淺決定下豆時間。

◎ 水
◎ 空氣
◎ 雜質

當顆粒遇到熱水時，這些原本乾枯的空間，會因為熱水而活化起來，在膨脹的過程裡，就會推擠到原本的空間而釋放出氣體，這就是氣泡的來源。

咖啡除了吸到熱水之外，在空氣中也會慢慢吸入二氧化碳而慢慢膨脹，因此有時我們會看到咖啡袋子慢慢膨起來，就是因為這個原因，所以可以聯想到咖啡放的越久，排氣就會變緩慢。

氣體釋放期間是咖啡顆粒吸入熱水的証明，氣泡排放越多表示空間恢復越完整，同時熱水也更能進入顆粒內部，而達到高萃取率的基本條件。

從氣泡產生的理論就不難察覺，在悶蒸第一次沖水後，必須要等到水位下降到快底部時，才開始注第二次水。

悶蒸第一次注水一定會產生更多的氣泡，大量的排氣是空間恢復的證明，所以要是在排氣結束前就做補水動作的話，反而會壓抑了排氣的過程，因此讓水位降到接近底部，可以確保排氣過程完整，也讓空間恢復到最佳化。

04 咖啡牆

在增加熱水的過程中，濾紙周圍的咖啡顆粒會慢慢升高，這個時候顆粒因排氣而帶出的雜質，會吸附在濾紙上，這樣就形成所謂的咖啡牆。

咖啡牆

咖啡牆的品質會影響萃取率，原因是附著在濾紙上越密集，會讓水因為兩側的密度高，而必須從濾杯底部過濾，這麼一來咖啡就能得到足夠的萃取。

一旦超過咖啡牆，水就會溢出而沿著濾紙外圍流到下壺，這樣則會在萃取結束前，讓多加的水稀釋了咖啡。

咖啡牆需要的不是厚度，而是咖啡顆粒排氣過程中所帶出的雜質量，排出的雜質越多自然會沾附越多在濾紙上，而沾附在濾紙的雜質就會變相地塞住濾紙，而讓萃取的速度變慢，導致咖啡在熱水當中的時間就會變得更久，萃取率因而增加。

另外，濾紙的水位下降速度會隨著加水次數而慢慢變慢，這也是在告訴我們排放出的雜質量在不斷增加，也等同是一直將咖啡的物質釋放到水裡。

咖啡牆、水量、時間點

[等水位快到底部，就可以開始加水，直到咖啡牆的高度]

咖啡隨著時間會因為吸取二氧化碳而慢慢膨脹，所以第二次的加水時間點，也會因為排氣狀況可以有所提早。

排氣旺盛

當排氣旺盛，加水時間點就是要等到水位下降到底部，確定排氣完整後再加水。

排氣不旺盛

排氣較少的豆子，加水的時間點就要早一點，萃取水柱變小就可以加水。

06 萃取量

在一開始有提到粉量和萃取量的比例大約是在1：20，但那是指最大的萃取量，因此要是做到1：20時，咖啡的味道相對也會變淡許多。

從悶蒸開始，咖啡顆粒就會開始做吸收熱水與排氣的動作，大約再加第二次至第三次熱水時，就會發現開始有咖啡從濾杯萃取出來，在所有顆粒都吃到水時，萃取差不多就已經結束了，接著的加水動作只是為了要調節咖啡的濃度。

在針對一個陌生的配方或是單品做沖煮時，可以用3種不同的萃取量來當作參考，1：20的比例適用於大部分的咖啡，但是不見得可以適用於所有的咖啡豆，因此建議在一開始時可以先從1：15進行萃取，然後再慢慢往上增加萃取量，一直找到適合的濃度。

UGLY DUCKLING
Coffee house & Barista training center

醜小鴨是一個整合咖啡資源的訓練中心，從一顆豆子到一杯咖啡，你都可以找到你需要的專業知識與訓練。

雖然食物飲料會因個人喜好而產生主客觀因素，但要達到好吃、好喝是有一定的標準，這也是醜小鴨訓練中心的強項——系統化的訓練。

在國外專研Espresso & Latte Art的這條路上也算是累積了許多的經驗與收穫！綜觀台灣現有的狀況，義式咖啡的訓練是可以更具有完整性及系統化，甚至可藉由完整的訓練體制，讓對咖啡有熱誠的人在國際間的舞台上發光發熱。

就如同醜小鴨一樣，每個人都有成為美麗天鵝的無窮潛力！我們有信心，在醜小鴨的訓練之後，你會從愛喝到會喝，從品嚐到鑑定，從玩家到專家，從業餘到職業。

Craft

台北市中山區合江街73巷8號
02－25060239

UGLY DUCKLING

EXPRESS
COFFEE

| 醜小鴨咖啡外帶吧 |

台北市中山區合江街71巷 巷內
02－25060239

憑此書可折抵中心任何課程一千元

憑此書可換任一杯飲品

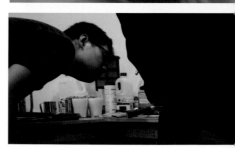

www.ud-baristatraining.com

國家圖書館出版品預行編目(CIP)資料

咖啡究極講座/醜小鴨咖啡編著.-- 初版.--
臺北市：臺灣東販, 2012.08
　面；　公分
ISBN 978-986-251-826-7(平裝)

1.咖啡

427.42　　　　　　　　　　101012985

咖啡究極講座

2012年8月1日初版第一刷發行
2016年5月1日初版第八刷發行

編　　著　醜小鴨咖啡師訓練中心

副 主 編　陳其衍

發 行 人　齋木祥行

發 行 所　台灣東販股份有限公司

　　　　　＜地址＞台北市南京東路4段130號2F-1

　　　　　＜電話＞(02)2577-8878

　　　　　＜傳真＞(02)2577-8896

　　　　　＜網址＞http://www.tohan.com.tw

郵撥帳號　1405049-4

新聞局登記字號　局版臺業字第4680號

法律顧問　蕭雄淋律師

總經銷　聯合發行股份有限公司

　　　　＜電話＞(02)2917-8022

香港總代理　萬里機構出版有限公司

　　　　　＜電話＞2564-7511

　　　　　＜傳真＞2565-5539

TOHAN